by Vicky Dondos

护 肤 革 命

〔英〕维姬·东多斯——著　胡敏——译

河北科学技术出版社

·石家庄·

版权登记号：03-2023-057

图书在版编目（CIP）数据

护肤革命 / （英）维姬·东多斯著 ； 胡敏译. -- 石家庄 ： 河北科学技术出版社，2023.7

书名原文：The Positive Aging Plan

ISBN 978-7-5717-1552-6

Ⅰ. ①护… Ⅱ. ①维… ②胡… Ⅲ. ①皮肤－护理－基本知识 Ⅳ. ①TS974.11

中国国家版本馆CIP数据核字(2023)第092592号

护肤革命
HUFU GEMING　　　［英］维姬·东多斯 著　　胡敏 译

责任编辑：李　虎	经　销：全国新华书店
责任校对：徐艳硕	开　本：710mm×1000mm 1/16
美术编辑：张　帆 / 装帧设计：陈旭麟	印　张：18
出　版：河北科学技术出版社	字　数：220千字
地　址：石家庄市友谊北大街330号（邮编：050061）	版　次：2023年7月第1版
印　刷：天津丰富彩艺印刷有限公司	印　次：2023年7月第1次印刷
定　价：79.80元	

∫

谨以此书献给我的父母。

他们一直以来都是我背后的靠山和力量源泉。

前言

无论在什么年纪，美丽的容颜都让人充满自信

现实往往是这样的：你可能是一个聪慧、端庄的女人，但你仍然要花时间和金钱去保持并欣赏你的外貌。你的外貌传递并影响着你的身体、精神、情绪和社交健康，所以承认外貌重要并没有错。

> "有错的不是对变美的渴望，而是把变美当成了义务。"
>
> 《女人的美丽：是贬抑还是力量？》——苏珊·桑塔格（1975）

而且，在50岁、60岁、70岁的时候仍然在意自己的外貌也是没有问题的……其实，这很重要。对美的感知超越年龄的界限。心态上的转变意味着我们终于赶上了在巴黎的同龄人，她们没有"保质期"，她们在感觉与展现性感迷人这件事上从不受年龄的牵绊：这简直太棒了！

但变老确实让人心里不舒服，即使对于我们当中那些极力保持积极乐观的心态并心怀感恩的人来说也是如此。在大多数女性看来，我们在镜中看到的自己对我们影响深远。我们在镜子中的形象可以让我们振奋——或者让我们沮丧——增强我们的自信，给我们前进的脚步注入活力，有时还能让我们的生活焕然一新。更有甚者，对外貌的自信会激励我们采取措施改善我们的整体健康状况。这是一件双赢的好事。

所以，我们接下来会开启一场新的对话，谈谈"美"的重要性。我在本书中分享的方法是我作为一名医生和伦敦一家顶尖美容医学诊所的联合创始人近 15 年来的经验总结，我称之为"积极抗老"。也就是说，我们要重新构建理解和应对身体变化的方式，这样我们才能在心底给予我们应得的共情和关怀。"积极抗老"不是为了看起来更年轻，而是让我们无论处于什么样的年纪，都能保持良好的形象和自我感觉。

15 年前，当我踏入医学美容行业时，说起来你可能会觉得奇怪，但我确实是这个行业里为数不多的女性从业者。入职初期，我曾经做过一份调研：去伦敦几家大型诊所做面部检查，了解他们推荐的治疗方案。

我不是说那些诊所不好，但他们确实没有让我在治疗的过程中有参与感，也没有让我对自己的健康状况有所了解。这次经历让我意识到，必须要为那些好不容易鼓起勇气迈进诊所的女性提供全新的治疗方案。这个方案必须更加温情，更加全面，而少些指手画脚的做法。

我在本书中分享了我开发的方法，即"积极抗老金字塔"。它提供了你想了解的有关皮肤护理、美容整形、生活习惯的一些最新内幕消息，这些消息有助于你以最适合自身的方式了解并照顾好自己的身体和外貌。在本书中：

1. 我将揭开衰老过程的神秘面纱，解释衰老如何与你的健康密切相关，以及怎么做才能防止过早衰老。

2. 我将透露我自己在使用的 5 种基础护肤产品，我们每个人都应该在日常护肤时选用这几种产品。我还会列出值得或不值得购买的产品，希望你能因此保住你的银行存款。

3. 我将解读现有的整容项目，以及我对它们的看法和它们适合的人群。

4. 我将告诉你如何制订属于自己的个性化方案，如何在任何年龄都能看起来精力充沛、容光焕发，成为"最好的自己"。

了解事实有助于你决定自己想做什么，想花多少时间和金钱去做这件事。你想知道如何防止过早衰老，比如长皱纹或色素沉着吗？你想知道某些产品有什么问题吗？你想尝试在不找医生的情况下解决问题吗？你在考虑用更进一步的介入治疗来改善外貌吗？你想让你的皮肤有光泽吗？（答案是肯定的，对吧？）

本书是一本基于科学、直言不讳、不妄加评判的指南，不管你是出于什么原因阅读本书，它都能帮助你找到适合自己皮肤的最佳方案。在本书中，我详细介绍了所有被证实有效的方法，从最基本的到医学层面的，包括运动、睡眠、食物和消化、护肤、防晒等，以及可以选择的临床治疗项目。

我仔细斟酌了每一个方法的利弊，便于你在掌握所有信息后挑选最适合自己的方案。如果你特别想了解某个方法，你可以先浏览那部分内容，若无特殊需求，我建议你从头开始阅读，因为这本书是按照我治疗患者的过程编排的。我确信，等你开始制订自己的计划时，这本书会很有价值。

积极抗老金字塔的前提是，从位于金字塔底部的方案着手制订养生法对你的皮肤最有利。我会在全书中提到这一点，因为这对最终制订出有效的个性化方案至关重要。下面我来讲解一下这座金字塔。

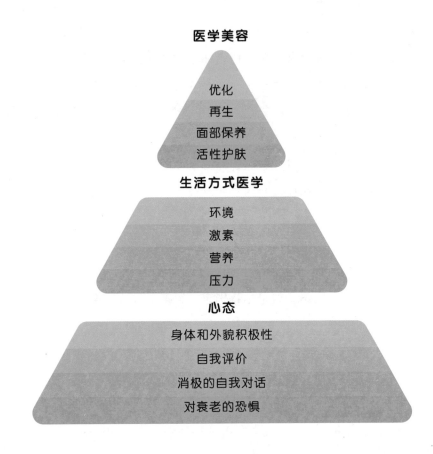

医学美容

优化

再生

面部保养

活性护肤

生活方式医学

环境

激素

营养

压力

心态

身体和外貌积极性

自我评价

消极的自我对话

对衰老的恐惧

积极抗老金字塔

第一层级：心态。心态是基石。在攀登这座金字塔之前，健康的心态有多重要，我再怎么强调都不为过。这里不仅涉及你对变老这件事的态度，也涉及在此之前你对照镜子时引发的情绪的处理方式。可能你的生活方式非常健康，你也在做皮肤护理和面部保养，甚至打过美容针，但是如果你的心态没有端正，不管做什么都不会让你产生美好的感觉。

对大多数人来说，只需要稍微调查一下就能摸着头绪；对有些人来说，还需要多进行反思，但这对每个人来说都是必不可少的一步。我将着眼于金字塔的底下三个部分——对衰老的恐惧、消极的自我对话和自我评价——目标是上面的"身体和外貌积极性"。

第二层级：生活方式医学。这部分包含了有利于皮肤的生活方式医学的最新科研成果，它分为4个重要领域：压力、营养、激素和环境——这些都是核心领域，有证据表明，简单的改变会带来明显的变化。对于那些只想了解基因、饮食、生活方式和环境是怎样影响外貌的，以及能做什么来改善这一点的人来说，积极抗老金字塔的生活方式医学这个层级可能是你要细看的内容。

第三层级：医学美容。如果你想要更进一步，那要谈论的就是皮肤护理了，这是该计划中动用外部手段的第一阶段。我们时常受到护肤产品广告和相互矛盾的护肤建议的狂轰滥炸，所以在本书中，我会揭示护肤产品背后的科学依据，告诉大家哪些产品值得花钱，哪些大牌无须购买，哪些奢侈品对你的皮肤来说可有可无。对大多数人来说，找到有效的护肤产品是实施积极抗老金字塔计划的关键。一旦你找到了合适的护肤产品，只要你愿意，你就可以花钱购买这些护肤产品，在家护理皮肤。

下一个阶段是可以将你的皮肤提升到一个新水平的医学美容。

但是说点实际的,你愿意投入多少时间和金钱呢?什么样的治疗方法适合你的皮肤?治疗方法那么多,选择错误的话不仅代价高昂,还会让你失望。无论你处于什么年龄段,我都会解释哪种治疗方法会有效果、如何见效,以及哪种方法对你来说是最划算的。

可以直接阅读关于整容的章节吗?当然可以,你可以直接翻到关于金字塔尖的肉毒杆菌毒素(Botox)——或者就像我在本书中提到的那样,应该叫作BTX,因为保妥适(Botox)只是一个品牌名——以及填充剂和激光的那几页。有时,有些人确实需要从特别关心的问题入手,进而采取更全面和基于健康的护肤方法。

但是,就像我接下来要说的那样,虽然从金字塔尖入手没有错,但从金字塔底部开始护肤的效果更好、更持久,塔尖上的治疗方法其实只是在锦上添花。只要你通过调整生活方式、完善皮肤护理、定期保养面部来让自己容光焕发,你就会觉得没必要采取任何更进一步的治疗手段。

∫ 美的意义是什么?

没错,我是一个"肉毒杆菌医生",但对医学美容来说,肉毒杆菌并没有销路不好。不用打针,甚至不用去诊所,你也可以有很多方法让自己变美。这就是积极抗老金字塔下面两个层级如此重要的原因,也是为什么我和患者、同事谈到医学美容时总是把话题拉回到金字塔的最底层——心态。

我每年治疗大约2000名患者,其中有许多人每年会来好几次,所以我真的很了解她们,了解她们对衰老的担忧、恐惧和其他心态。这么多年来,我与她们携手同行,认真倾听她们的心声,真心实意地与她们共同面对"做还是不做"的纠结心理。

对一些人来说,对"介入治疗"说"不"反映了一种健康的"接受变老"的心态。剪个好看的发型,穿一套剪裁得体的衣服,涂上颜色合适的口红,在沙滩上跑跑步,这些都可以让人神清气爽。

但我认为很多女性说"不"是出于错误的原因。首先,你可能是因为害怕。你害怕自己的外貌在手术后看起来不真实,或者被过度治疗了,或者像某个电视明星。对此,我有必要澄清一下:只要手术做得好,医学美容应该是看不出痕迹的。只是微调,不是"改头换面"。这就是为什么我把本书中最高级别的医学美容称作"优化"。我希望你看起来是你最好的样子,精神焕发,就像睡了一夜好觉,或者刚从一次悠闲的旅行中回来一样;我希望当你离开诊所时,你浑身散发着自信的光芒。

其次,你可能觉得自己不是那种会做医学美容的女人。作为一名有 15 年从业经验的医生,我可以告诉你,我的客户群并没有固化,来找我的客户不只是"某一类人",这样的想法和认为男权思想导致女性选择医学美容的观点是分不开的,这种观点认为女性只有在年轻漂亮的时候才有价值。

你可能会认为,女性不应该为了让自己被世人接受而改变自己的外貌。我不赞同这样的观点,相反,我认同某些人的看法,她们认为注射美容剂和其他治疗方式与化妆并没有什么不同——是时候让世界不再因为女性选择医学美容而对她们指手画脚了。更进一步说,你甚至可以说"我的脸我做主"是一种女权主义行为,不去管异性或其他同性怎么看你。

上述两种观点哪种是对的?从某种程度上说,这两种观点都是对的。我不认为女性应该向除自己之外的任何人证明自己选择注射肉毒杆菌或其他任何美容疗法的合理性。在我看来,那是你自己的脸,你自己做主,别人无权干涉。

我很反感女性认为她们必须整容才能适应社会。女人到了 39 岁,薪资水平就到头了,而男性的薪资在未来 10 年里还会继续上涨。这种现象确实令人憎恶。对职场女性的评判应该基于她们的工作质量,而不是她们的外貌或青春。

但我们生活在这样的世界里,我们从小就被灌输关于美的固有价值观。那么,身处这样的世界,什么会让你自我感觉舒爽呢?对大多数人来说,当我们觉得自己更好看的时候,我们的感觉就会更好,表现也会更好。至于做什么才会让你有更好的感受,完全取决于你自己。

我努力了很久才找到一种可以让我觉得舒心的方法,即"积极抗老"。我的工作是不是在延续"青春如货币"的观念? 30 多年前,娜奥米·沃尔夫(Naomi Wolf)在《美貌的神话》(*The Beauty Myth*)中指出,随着女性社会性权利的增强,我们感到维持社会审美标准的压力也越来越大。这让我开始质疑,我是不是在推动一个推销快速见效和承诺"完美"的行业。

经过多年的思考,我的答案是否定的。如果我的客户想明白了才来寻求帮助,如果她们清楚治疗的情况,了解所有的费用和项目,如果我只推荐既适合她们的皮肤又能打消她们疑虑的治疗方式,如果客户有权利和我一起制订她们的治疗方案,如果她们知道可能出现的实际效果,那么答案就是否定的。我希望我写的这本书能让你不去诊所就对这些情况了如指掌。我想揭开衰老过程的神秘面纱,让你看清医学美容背后的真相,把你选择的项目和可行的治疗方案简单明了地告诉你,这样你就能真正掌握主动权。

　　我坚信"积极抗老"的观点：变老的同时，我们真的可以变得更快乐，对自己的外貌也更自信。在我的诊所里，我每天都能听到许多通过正确的护肤和医美恢复自信的精彩故事。这让我想要去消除"医美是虚荣心在作祟"这样的误解以及人们对医美话题的忌讳，打消一些女性在考虑进行医学美容时产生的羞耻感或内疚感。

　　最近，我在诊所见识了一类"新新女性"，这类女性希望为自己而变美，并且不会为此感到内疚。我说的不是那些年轻幼稚、受潮流引领的"网红脸"女孩。这些女性通常在 30 岁左右，她们会采取积极、明智的方法来应对衰老和医美。她们想要的是那种"你今天看起来美极了"的感觉，而不是看起来不自然地装嫩。她们不会因为医美治疗而感到羞耻，也不会因为男女平等的思想而陷入困惑，就像包括我在内的前几代人一样。我认为我们所有人都可以做到像她们那样。

　　"积极抗老"不是宣扬一个不可能实现的理想。这不是"动用你的资产"，不是害怕被人看出年龄，也不是逃避现实或贪慕虚荣。这是自我呵护，学会爱护你的脸，感知你身体里的魅力和力量，感受你最好的一面，感受更明艳、更有活力的自己。化妆是因为你喜欢，你可以尽情地美化自己，但要明白你完全没必要把妆容当成面具。"积极抗老"是让你走进任何一个房间时，不会因为担心自己看起来老了、累了、伤心了或生气了而退缩。不要退缩，拥有自己的空间，体会自由的感觉。

　　所以，让我们好好驾驭这种自由。你可以选择任何你想要的方式，无论如何都要做出明智的选择。我们有些人愿意接受头发变白，并欣赏这种变化，认为这是我们智慧渐长的标志；有些人则会觉得白发不适合自己，而宁愿把它们染黑。我们对待自己的外貌也是同样的道理。科技的发展让我们可以自由地去追寻我们真正满意的外貌。

我的客户想要做看不出破绽的医美手术，我表示理解。但我衷心希望她们能从自己选择进行医学美容这件事中感受到力量，并骄傲地告诉别人她们的经历。想要照顾好自己，想要做最好的自己，这不是什么丢脸的事。如果有人问你，你的秘诀是什么？你在介绍自己"基因好"、睡眠充足的同时，一定要自豪地告诉她们，你还做了激光美容。这就是积极抗老的意义。

∫ 如何使用这本书

我希望你把这本书当作执行指南，当作制订专属积极抗老金字塔方案的方法。

也就是说，你在阅读本书时可以在笔记本上记下书中提到的你也有的症状，或者是针对你的情况的内容，以及那些看起来最有可能发生的变化，或者与你的心态、生活方式或皮肤最相关的变化。

你完全没必要去做所有的事情——那是不可能做到的！我们没有时间、精力或金钱做得到。所以，你必须分清轻重缓急。我建议你这样做：想想这一周你能做什么样的改变，这个月你能做什么样的改变，这一年又能做什么样的改变。

因为每一个小小的改变都会促成一个新的习惯，并在你的皮肤上显现出来。

我的愿望是，我为你提供关于身体、皮肤、护肤和整容的科学知识，以及我的经验和专业意见，而你能够自己决定把关注点放在哪里。毕竟，你才是最了解自己的人。

本书适合所有人。这本书是为女性而写的，因为我的患者5/6

都是女性。剩下的 1/6 是男性客户，他们来找我解决的问题与女性大致相同，有些问题可能要晚一些，也可能优先顺序不太一样。所以，如果你是男性，可以确信的是，本书提到的建议和治疗方法也适用于你（激素部分有一些内容除外！）。

目录

chapter

1

第1章

—

揭秘肌肤老化

自然的衰老过程和如今我们许多人身上正在发生的事情是有区别的。

需要明确的是，衰老并不是什么羞耻的事情，它与我们每一个人都息息相关。我在本书中关注的是过早衰老的问题。饮食、环境和生活方式等诸多因素不仅会影响我们的健康，还会影响我们的外貌。由于这些影响，我们正在提前衰老，我们感觉疲惫，甚至得了许多完全可以预防的疾病。

你的皮肤能迅速、明显地反映出你身体内外正在经受的问题，比如急剧上升的压力、日益增长的雾霾污染和损害皮肤的紫外线。了解这些问题是如何对皮肤造成影响的很重要，只有了解清楚你才会明白你是如何比正常的速度更快地变老的，以及为什么会这样。在本书稍后部分，当讲到通过改变生活方式来扭转这种局面时，我会进一步解释这一点。

只有了解这些专业知识，你才会懂得如何最大限度地利用时间、金钱和精力，而不会被某些产品和治疗方案诱导，结果发现它们毫无用处。如果你知道皮肤发生改变的科学原理，你就能学会如何让衰老的速度慢下来，而不会受到产品营销或错误信息的诱骗。比如，有一种售价 230 英镑[1] 的精华液，承诺可以祛除皱纹，这听起来或许好得不可思议，但几乎可以肯定的是，这种产品更像是炒作，迎合消费者的心理期待，而与可靠的皮肤科学并无多少关系。如果你知道非处方外用护肤品只能渗透到皮肤表层，你就会明白这些护肤品解决皮肤松弛或深层皱纹的能力是有限的。只有处方护肤品才能深入真皮层，直接解决胶原蛋白损伤和流失的问题。了解了面部皮肤的结构，你才会知道哪些治疗有效，值得纳入预算。

---

1 | 英国货币单位，1 英镑约等于 8.3 元人民币。

好消息是，有许多积极的改变可以扭转乾坤。而且，因为皮肤自我更新速度很快——每4—6周都会长出一套全新的表皮细胞——所以，你很快就会看到每次皮肤自我更新所带来的好处。

∫ 外貌绝不是肤浅的

我遇到过很多客户，她们对"外貌焦虑其实毫无意义，根本没必要担心"这类观点将信将疑。而事实是，外貌是人整体健康的一个重要指标。身体失调会长出皱纹，同时也会影响精力、情绪和整体健康。

从细胞层面来讲，皮肤在免疫系统、新陈代谢系统和解毒系统等众多身体系统中扮演着不同的角色。因此，如果你的身体没有处于最佳状态，你的皮肤就会遭殃，身体的问题会直接显现在皮肤上。所以，身体健康，皮肤才会健康。

皮肤也是身体和外界环境之间的重要屏障，承受着来自污染物、烟雾、酒精和紫外线等所有环境压力源的冲击。

你的脸就是直观的健康警钟，因为它经常会率先显示出压力过大的迹象，比动脉阻塞或高血压面对压力时的反应都要明显。因为我们在意自己的外貌，所以就有动力去改变导致我们从内到外过早衰老的饮食和生活方式。

以下是客户初次见我时提得最多的5大皮肤问题：①暗沉干燥；②红血丝和"过敏"症状，有时还会出现玫瑰痤疮（俗称"酒糟鼻"）；③褐色斑块，表现为肤色不均、色素沉着或黄褐斑；④皱纹；⑤松弛。

这5大问题从我们30岁起就一直阴魂不散，每个问题都是基因之间复杂的相互作用造成的，比如性别和种族，还有自然衰老的过程——这些都是我们无法掌控的——还有一些是我们可以掌控的，比如健康饮食、涂防晒霜等。其实，有很多事情都在我们的可控范围内——在谈到皮肤护理和治疗方式之前，我得先和你聊聊这些事情。要想拥有完美的肌肤，首先要做出的改变比你想象的要简单得多。

红润、丰盈、剔透的肌肤靠的是内心的滋润。即使是顶尖的护肤品和美容疗法，其效果也是有限的。如果你每隔一个晚上就喝一瓶酒，有抽烟的习惯，把皮肤晒伤了，那么就算是顶级美容师也不可能创造奇迹。

正因为如此，许多美容诊所才选择向健康领域拓展，为客户提供与健康的生活方式相关的美容护肤服务。正因为如此，我才会把告知客户的信息写在这本书里，比如缓解压力、改善肠道健康和增加营养、平衡激素、抵御紫外线和防止环境污染，以及如何选择正确的皮肤护理和治疗方式。如果你投入的时间和精力足够多，自然衰老的速度就会放慢，而你的皮肤也会有明显的改善。

∫ 你有炎症性衰老的问题吗？一个重要的积极愈合反应是如何出错的？

加速身体衰老的第一个——也可能是最重要的——诱因就是炎症。这不是什么新发现。事实上，公元1世纪的罗马人将炎症描述为"calor""dolor""rubor"和"tumor"，翻译过来就是"发热""疼痛""红肿"和"肿胀"。在受伤的几秒钟内，不管是肌肉拉伤还是长疱疹，你的身体都会发出呐喊。开始治疗后，身体会再次感觉到安全，消炎药就会进入对应部位清除炎症。

新的理论认为，持续的低水平炎症是许多疾病的根源，比如糖尿病、抑郁症、癌症、关节炎和阿尔茨海默病，而衰老也与炎症脱不了干系。

在大多数情况下，发炎是治疗过程中有益健康的阶段，发炎的目的是定位受损的部位，并开始清除受损组织。问题是，现代生活会导致这种轻微的反应每天都被触发多次，比如由污染物、紫外线或者应激激素皮质醇的内耗所导致的炎症，所有这些因素都被我们的身体解读为一系列的攻击。从身体的角度来看，它不断受到攻击，就会启动我们的免疫反应。

让问题更复杂的是，我们天然的抗炎机制无法应对这种局面。所以，炎症永远不会消失。由于免疫系统一直处于"高度戒备"的状态，炎症就成了一场闷烧的野火……

因为我们对炎症或其影响并不了解，所以我们误以为炎症引起的变化是衰老过程中极其自然的一部分。周身疼痛、牙龈疾病、体重超标、脑雾[1]和疲劳都可能是由慢性炎症引发的，以及许多皮肤病，比如痤疮、红斑、湿疹、面部过早老化。想想皱纹是怎么形成的：炎症会破坏胶原纤维，干扰其修复和再生的能力。

如果你觉得自己的皮肤状况低于一般标准，或者每次照镜子时心里都会一沉，那么，你这样的状态可能不仅仅是因为岁月的摧残，你的饮食、你的生活方式和你所处的环境都是你从内到外过早衰老的诱因。我将在第 3 章进一步探讨这个问题及其解决办法。

---

1 | 脑雾（brain fog）是大脑难以形成清晰思维和记忆的现象，是在昼夜节律中因过度疲劳而产生的感觉。

∫ 自由基——麻烦制造者

炎症加剧是因为有一种叫作自由基的物质在作祟，这种物质有一些是由你的新陈代谢产生的——可以把它们想象成身体的废气——还有一些是由紫外线和污染造成的。

当身体正常运转时，大部分自由基会被身体制造的抗氧化剂中和，同时也会被我们吃下去的水果和蔬菜清除（要了解去除自由基的最佳食物来源，请参见第 3 章）。

而当我们体内的抗氧化剂因为源源不断的压力、污染、睡眠不足、加工食品、日晒、吸烟以及炎症反应而被消耗殆尽、不堪重负时，自由基就会窃取其他细胞中的电子，并将其消灭，造成严重破坏。

自由基最喜欢攻击的其中一个目标就是人体细胞中的脱氧核糖核酸（DNA）。线粒体作为包括皮肤细胞在内的所有细胞的发电机，也特别脆弱。细胞膜遭到高能量自由基的攻击就会分解，被破坏殆尽。而当皮肤的细胞受到这样的攻击时，皮肤就会拼命保护自己，进行修复和再生。

自由基还喜欢攻击蛋白质和脂肪，也就是构成皮肤基本成分的胶原蛋白和弹性蛋白，以及构成皮肤屏障层的脂肪。

这些会导致什么样的结果呢？炎症性衰老。这种慢性疾病会影响我们身体的每一个细胞、组织和器官，而在皮肤上会呈现出 5 种衰老的迹象，即暗沉干燥、红血丝和过敏、色素沉着、皱纹和松弛。

∫ 我们是怎么变老的？

既然炎症性衰老是导火索，自由基是燃料……那么皮肤里面究竟发生了什么呢？

以下三大衰老机理首先会影响皮肤的结构，进而影响其功能，最终表现于外观，让你注意到它们的存在。

结构 → 功能 → 外观

防御弱化

随着我们体内天然抗氧化剂供应逐渐耗尽，炎症性衰老又加速了这一过程，自由基失去控制，对身体造成的损伤无法得到抑制。此外，我们皮肤的所有支持和供应系统开始减缓速度，工作效率也变得低下。这些系统包括血液、淋巴和神经系统，它们为皮肤输送必需的营养物质和免疫细胞。

修复功能减退

我们年轻时，身体可以重塑、修复或去除受损的皮肤细胞和其他部位，但随着年龄的增长，效果就没那么好了。赋予皮肤弹性的弹性纤维开始变硬，所以皮肤不再像以前那样容易复原。而支撑皮肤结构的胶原蛋白也在逐渐减少。

再生功能减退

我们30岁之后，新的胶原蛋白和弹性蛋白的生成速度会显著减缓。结构性皮肤细胞的分裂速度每过10年都会变慢一点，到我们60岁时，其分裂速度会减慢50%。血管也不会再生，这意味着血液流动受限，我们的皮肤细胞无法获取充足的氧气和营养。

∫ 皮肤结构

首先，我会简单说明我们的皮肤结构，然后把它与客户最常抱怨的情况联系起来——希望你的问题也在其中。

我们的皮肤是由蛋白质、脂肪、糖分、维生素、矿物质、抗氧化剂和水等构成的复杂结合体。确切地说，我们的皮肤中70%都是水。皮肤是一种饥渴的有机体，需要自我保护和滋养。

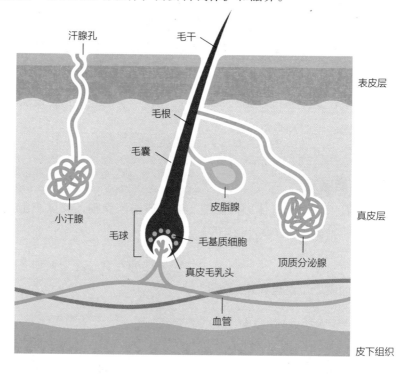

皮肤共分为三层：最下面的是皮下脂肪层，或称皮下组织；接着是真皮层；然后是最上面的表皮层。皮肤的表面还有一个由数十亿"有益"的细菌组成的微生物组。

无论我们的皮肤是光彩照人、丰盈柔软，还是干燥、暗淡、敏感，抑或受到色素沉着等问题的困扰，都是不同皮肤层发生变化的结果。

治疗最上层的表皮层会对皮肤的透明度和光泽度产生明显的影响。表皮层下面的真皮层是决定皮肤年轻有弹性的地方，皮肤的年轻态和富有弹性是由储存的胶原蛋白、弹性蛋白和皮肤内部的保湿剂透明质酸决定的。色素沉着、皱纹以及皮肤松弛的问题都可以根据其深度和严重程度在这两个皮肤层得到解决。真皮层下面是皮肤最深的一层——皮下组织，包括脂肪垫和骨骼上的肌肉。

表皮层：外层屏障

表皮层的作用是锁住水分，隔绝外界刺激。它由以下几部分组成：

• **角质细胞**，即产生角质的细胞，是构成皮肤的基本单位。它与在毛发和指甲中发现的硬蛋白质是同一种物质。角质细胞在表皮最深的一层形成，然后向上到达最外层的角质层。这种自然的更替过程叫作脱皮。角质层由大约十五层角质细胞砖组成，周围是脂肪和蛋白质的混合物。

• 角质细胞还能产生**天然保湿因子（NMF）**，这是一种保湿剂，意味着表皮能从外界吸收水分来滋润皮肤。

• **屏障脂质（脂肪）**是包裹皮肤角质细胞砖的混合物，其作用是锁住水分，防止有害物质侵入，让皮肤产生饱满柔软的触感。角质细胞负责将这些脂肪——包括神经酰胺、胆固醇和脂肪酸——维持在合适的比例。如果角质细胞产生的天然保湿因子或表皮层贮存的屏障脂质含量减少，你很快就会感觉到皮肤变得干燥粗糙。

• **黑素细胞**是指产生黑色素的细胞。黑色素是一种褐色色素，在紫外线的照射下会使皮肤变黑。黑色素就像一个过滤器，保护皮肤深处的 DNA 和胶原蛋白。与白种人的皮肤相比,深色皮肤中的黑素细胞所产生的黑色素水平更高。黑色表皮中多出来的黑色素浓度提供的天然防晒系数大约为 13,这可以抵御紫外线辐射中的某些有害影响,但不是全部,所以你仍然需要涂防晒霜。它还会使深色皮肤更容易出现不规则的色素沉着,尤其是当皮肤因破损或脱毛而发炎时。想了解更多关于白皙皮肤和深色皮肤在衰老方面的差异,请参见下方的内容。

●表皮层还含有**朗格汉斯细胞**,这是一种免疫细胞,是抵御病毒的第一道防线,比如可以抵御引起唇疱疹的带状疱疹病毒。

深色皮肤是如何衰老的

我们习惯根据菲茨帕特里克皮肤分型(Fitzpatrick classification)[1]对皮肤进行分类,但这种方法并不能描述所有的差异,只能从肤色上进行分类。传统上,大多数皮肤护理和皮肤分析针对的都是白种人的皮肤,所以我们现在才知道,除了黑素细胞的数量,深色皮肤在其他方面也有不同的结构。

深色皮肤往往有更多的角质层,但皮肤最外层的神经酰胺和水分含量较低。深色皮肤的真皮层往往更厚、更致密,而成纤维细胞则更多、更大。其结果是产生更多的胶原蛋白,从而减少皱纹。这种情况的不利因素是会产生异常疤痕,叫作瘢痕疙瘩,即使是受点小伤,疤痕也会扩大并隆起。事实上,大多数衰老的临床症状,包括皱纹、黄褐斑、红血丝、脂肪萎缩和骨质疏松等,深色皮肤都比浅色皮肤要晚 10 年出现。

---

1 | 由美国医生菲茨帕特里克首先提出的皮肤分型方法。他依据裸露皮肤在初夏受到一次日光照射后 24 小时和 7 天内皮肤被晒伤和晒黑的程度,将皮肤从轻至重分为 I—VI型。

皮肤微生物组

皮肤表面是数百万细菌、真菌和病毒的家园，它们被统称为皮肤微生物组。这些好"虫子"与表皮层的表皮细胞、毛囊、汗腺和皮脂腺共生，形成皮肤的屏障。

我们每平方厘米的皮肤大约有 10 亿个细菌，它们通常是无害的。不过，如果皮肤的整体屏障遭到破坏，例如过度清洁，这些细菌可能就会导致痤疮或银屑病等炎症的爆发。

皮肤微生物组的构成（不同微生物的多样性和比例）与功能因面部区域和年龄不同而有所差异。例如，在青春期，细菌混合物的自然变化会引发皮脂腺的活动，致使皮肤冒出青春痘。随着年岁的增长，皮肤微生物组平衡变化的方式会引起皮肤蛋白质和脂质的变化，使皮肤加速出现衰老的迹象。

健康的皮肤微生物组是细胞生成能量的关键因素，所以，不平衡的皮肤微生物组被认为会导致皮肤呈现疲态，不管你年龄多大。皮肤微生物组对免疫系统的正常运转也很重要，对保护我们免受环境微生物的侵害（如皮肤感染）以及预防促炎性疾病（如湿疹）都至关重要。

因此，旨在重新平衡皮肤微生物组的益生菌护肤品成了大家热议的话题。虽然这个领域引人关注，潜力巨大，但目前还处于初级阶段，依据不足。所以，我的看法是，这肯定不是你必须优先关注的事项。但我很想告诉你，我们能通过哪些措施来保护和修复皮肤屏障，包括皮肤微生物组——具体内容请翻阅第 4 章。

真皮层：中间层

真皮层就在表皮层下面，占皮肤构成的 90%。它的厚度因身体部位不同而有所差异，比如眼睑的厚度为 0.3 毫米，背部皮肤的厚度则为 4 毫米。真皮层是肌肤老化时变化最大的地方。真皮层 60% 是水，此外，还含有：

●**胶原蛋白和弹性蛋白**，是皮肤的结缔组织。这种由白色薄型胶原纤维和橡胶弹性蛋白纤维组成的网状结构赋予皮肤强度、弹性和弹力。

●**糖胺聚糖**（GAGs，见第 262 页），包围在胶原蛋白－弹性蛋白网状结构周围的亲水成分，能将其黏合在一起，让肌肤保持湿润饱满。其中包括一种你可能听说过的物质——透明质酸，它在水中可黏合比自身体积大 1000 倍的物质。

●**成纤维细胞**（Fibroblasts），真皮层的关键活性细胞，负责生成胶原蛋白、弹性蛋白纤维和糖胺聚糖。

●丰富的**血管和淋巴管**网络，为表皮层提供必需的营养物质。

●和表皮层一样，真皮层中的**黑素细胞**也会产生黑色素，黑色素具有天然防晒的功效。

●皮脂是润滑毛发和皮肤的油，**真皮层中的皮脂腺**将其分泌到**毛囊**中。

皮下组织：皮肤最厚的脂肪层

这一层主要由**脂肪细胞**构成。脂肪细胞是激素、生长因子、干细胞、免疫细胞和成纤维细胞的重要来源。皮下组织还包括：

●**汗腺**，皮下组织是汗腺的起点，汗腺在过滤毒素、水分和多余的盐分以及控制体温方面作用不小。

●**神经**，控制我们对体温、触摸和疼痛的反应。

●**血管和淋巴管**，不仅提供营养物质，还能清理伤口和感染部位。

●严格来说，**骨骼和肌肉**并不是皮肤的组成部分，但它们作为皮肤的支架，重要性可见一斑。

∫ 皮肤是如何老化的

提到令许多人胆战心惊的皮肤衰老 5 大问题，有必要根据皮肤的不同层级进行探讨，这样就更容易理解是什么原因导致了这些问题，解决这些问题要从哪里入手以及如何才能实施最佳的治疗手段。

为了清晰起见，我把这些问题单独列了出来。当然，大多数前来就诊的患者都面临不止一个问题，问题都是接踵而至的。

表皮层的问题

随着年岁渐长，皮肤最外层的表皮会逐渐变薄，等到 80 岁的时候，表皮就会只有原来的一半厚。黑素细胞每 10 年可减少 20%，所以皮肤会变得更加苍白，更容易受到紫外线的伤害，罹患皮肤癌的风险也更高。朗格汉斯细胞的减少则会导致人体更容易受到感染。

但如果皮肤护理得当，再加上正确的治疗手段，表皮层的肌理和肤色就能够得到明显改善。我们可以在表皮层解决皮肤暗沉干燥、色素沉着和红血丝等问题。

◆ 皮肤暗沉

*原因 1：光反射能力差

肤色暗沉的原因可能是坏死的角质形成细胞在表皮层表面堆积，而新细胞的生成速度减缓。对过了 35 岁的人来说，这个问题相当普遍。20 多岁的时候，一个屏障细胞需要 2—3 周的时间从底部生成、到达表皮并脱落。而到了 40 多岁时，可能就需要 4 周的时间来完成这个过程。这种细胞堆积的结果是形成粗糙的表面，这样的表面只能散射光，而不是像 2—3 周形成的光滑的屏障细胞层那样辐射光。

解决办法: 就皮肤护理而言,要想恢复皮肤光泽,关键是去角质。我更喜欢化学去角质剂,比如乳酸,不太喜欢用物理磨砂膏,因为它会导致皮肤损伤和炎症。化学去角质剂能温和地溶解顽固的死皮细胞,使它们脱落,露出新生成的细胞。这些新细胞形成的表皮既能反射光,又能更好地吸收护肤品。要了解更多适合你皮肤的产品,请参阅第 116 页。

*原因 2:皮肤屏障有漏洞

除了皮肤暗沉,皮肤屏障有漏洞也会导致红血丝和皮肤过敏。如果你的皮肤屏障状态不佳,不仅会让水分流失,还无法阻止刺激物进入。虽然每天喝 2 升水有助于全身的水合作用,对排毒也有好处,但皮肤的水合作用实际上取决于表皮对水分的吸收以及阻止水分流失的能力。与此有关的还有皮肤细胞在干燥条件下补充水分的能力,也就是天然保湿因子的良好水平。

皮肤屏障功能随着年龄的增加而呈自然下降的态势。婴儿不需要润肤霜,因为他们的表皮性能出众,能锁住水分。然而,几十年不太健康的饮食,再加上天然保湿因子和屏障脂质数量的降低,会导致屏障层的作用开始减弱。脂质(必需脂肪酸)主要来自我们的饮食,吃富含欧米伽 -3 的油性鱼对皮肤大有裨益。皮肤屏障遭到破坏也可能是由外伤引起的,比如晒伤、吸烟、污染、化妆和错误的护肤方式。所以,日光浴爱好者和在城市里居住的人都有一定的风险。我在那些过度去角质、使用刺激性洁面乳或收敛爽肤水的护肤狂的脸上也看到了这一点。

解决办法: 同样,用对护肤品仍然非常重要,我将在第 4 章探讨应该停用或使用哪些护肤品。但第一步是涂防晒霜、戒烟,还要多吃富含油脂的鱼。

◆ 皮肤干燥

就像上文提到的，前来就诊的大多数 45 岁以下的人感觉皮肤干燥是因为水分通过受损的皮肤屏障流失了，即出现了脱水。然而，对于 50 岁以上的人来说，皮肤干燥通常是由于皮脂分泌减少。随着年龄的增长，汗腺和皮脂腺的活跃程度会不如从前。皮脂含量降低，皮肤脂肪酸成分改变，加上汗液分泌缓慢，尤其是正处于更年期，这些因素加在一起，不仅会让你感觉皮肤变得干燥，还会削弱皮肤对细菌的防御能力，导致皮肤长斑。刺激性的洁面乳会让情况变得更糟，这种常见的护肤方式往往会适得其反，削弱你的皮肤屏障。

解决办法： 避免使用刺激性的洁面产品，而是使用含有皮肤屏障修复成分的护肤品（详见第 4 章）。不要坐在阳光下，接受阳光直射，一定要戴遮阳帽，还要涂防晒霜。

◆ 色素变化

出现色素沉着和老年斑，其实是皮肤在保护你。当皮肤感知到紫外线等威胁时，黑素细胞就会产生黑色素，也就是让你晒黑的色素。30 岁以后，黑素细胞减少，皮肤颜色变浅，你就更容易受到紫外线的侵害，患皮肤癌的风险也会增加。黑素细胞还会变得极度敏感，阈值非常低，因此皮肤会出现分布不均匀的色斑。这一点不管什么肤色的人都不能幸免。

怀孕或更年期造成的激素变化可能会导致黄褐斑留下来。此外，从表皮开始的色素沉着问题久而久之会蔓延至皮肤的更深层。

解决办法： 这需要时间，但日光浴还是不要再晒了。而且，涂防晒霜保护皮肤免受紫外线的侵害，什么时候都不嫌晚。（我还会多次重申的！）另外，还要戒烟，吸烟也会引发色素沉着。我将在

第 4 章和第 6 章详细阐述针对色素沉着多管齐下的方法。

真皮层的问题

真皮层是长出皱纹的地方，这就解释了为什么大多数护肤品都无法直接祛除皱纹，不管广告怎么宣传，因为它们根本就无法深入皮肤。

不过，保护皮肤屏障功能的正确护肤方式并非毫无意义。皮肤屏障越健康，真皮层功能就越好，皱纹也不会那么容易形成。尽管皮肤护理不会直接影响真皮层，但在表皮层打造更健康的皮肤已经被证实会影响皱纹深度、皮肤弹性和胶原蛋白水平。我将在第 4 章进行详细阐述。

◆皱纹

*原因 1：胶原蛋白和弹性蛋白减少

成纤维细胞是真皮层中合成胶原蛋白的细胞，其数量每 10 年减少 10%。到 60 岁的时候，我们几乎无法生成任何新的胶原蛋白或弹性蛋白。同时，修复机制会变慢，胶原纤维变直，更松散地缠绕在一起，而弹性蛋白纤维则变得更薄、更长、更松弛。这意味着皮肤失去了弹性，无法"回弹"。

解决办法：胶原蛋白和弹性蛋白都很容易受到血糖升高的影响，所以，请不要吃那些含糖零食和高血糖食物（详见第 75 页）。用对护肤品也是有效果的，具体内容参见第 4 章。

*原因 2：糖胺聚糖耗尽

我们每天都会消耗 1/3 的透明质酸。透明质酸能吸收水分，使肌肤饱满。我们年轻的时候，透明质酸很快就能得到补充。可当我们到了 40 多岁时，透明质酸只能满足我们一半的需求。所以，皮肤透明质酸水平下降，意味着保持胶原蛋白和弹性蛋白湿润的水分减少，也就是说，它们的结构或功能无法达到最佳状态。

解决办法： 局部外用维生素 A（视黄醇），刺激透明质酸生成。另一种办法是使用可注射透明质酸皮肤活化剂（见第 7 章）。

护肤品中的透明质酸能起到填充剂的作用吗？

通常，大多数透明质酸精华液由大到无法到达真皮层的分子组成，因此，它们无法渗透皮肤，从而增加皮肤的水分，而是停留在皮肤表面。这并不是说透明质酸精华液没用，它是很好的皮肤屏障保湿剂。据说，现在有一些纳米分子透明质酸精华液能够抵达真皮层。确实有研究表明，使用这种精华液 8—12 周后，皱纹深度、皮肤紧致度和弹性都有显著改善。这是新的进展，我会密切关注。

*原因 3：紫外线

在阳光下暴晒数小时，紫外线就会加速弹性蛋白纤维的结构变化，并增强胶原蛋白分解酶（金属蛋白酶或基质金属蛋白酶）的活性。胶原蛋白会在整个面部和身体表面发生分解，甚至没有暴晒的部位也不例外。而弹性蛋白的流失通常也是由日晒造成的，日光浴会加速晒黑部位弹性蛋白的流失，形成橡胶般起皱的皮肤纹理，而且皮肤弹性会变差，就像捏一下手背上的皮肤，它不会回弹那样。

解决办法： 还是老老实实地涂防晒霜吧！控制皮肤在阳光下暴晒的时间。

皱纹的三种类型

照镜子时首先映入眼帘的是皱纹吗？也许你第一眼看到的是皱纹，但皱纹对每个人产生的视觉冲击是不一样的。失去弹性、肤色不均匀、皮肤干瘪，这些情况要比皱纹明显得多。

积极抗老金字塔的基本原理是，通过正确的生活方式和饮食，让皮肤进入最佳的状态，达到最亮眼的效果，然后在此基础上，在护肤品和维持治疗中加入活性成分。尤其是在处理表情纹的时候，护肤品的效果是相当不错的。即使皱纹很深，只要你保证生活方式和饮食习惯健康，让积极抗老金字塔的基石更加牢固，你脸上的皱纹就会变得柔和，变得不那么显眼。

尽管如此，如果人们发现自己的脸无法反映出真实的自己，或者无法呈现出真实的情绪，他们就会想要做出更直接的改变。你可能会纠结于这样一种情况：你觉得脸上深深的川字纹会让你看起来脾气暴躁，或者法令纹让你看起来很沮丧或有双下巴。这时候，我会用美容疗法来处理这些皱纹。针对上述情况，下面给大家展示一些我经手的美容案例，每个案例的情况都有所不同。

*表情纹

这种类型的皱纹包括川字纹、抬头纹、鱼尾纹。这些皱纹是肌肉反复收缩导致的，情绪平稳的时候会消失。人们通常在 30 岁左右开始出现这种类型的皱纹。

解决办法：少量注射肉毒杆菌毒素，尽量保持表情自然。年轻的客户也可以尝试注射，能预防这类皱纹出现。（我们将在第 8 章详细讨论肉毒杆菌毒素。）

*静态皱纹

这类皱纹是胶原蛋白减少、弹性蛋白纤维改变和糖胺聚糖水平降低造成的（见第12页）。它们随时会出现，不仅仅和脸部表情有关。白种人通常过了40岁就会出现这类皱纹，而深色皮肤的人要再过10年才会出现。

解决办法：通常，最好的办法是注射填充剂（详见第8章），也可以选择皮肤活化剂、化学换肤、微针或激光换肤（我们将在第6章和第7章深入探讨），还可以通过改善整体肤质来软化皱纹。

*重力性皱纹

这类皱纹，例如深法令纹，是脂肪和骨骼体积变化以及重力共同作用的结果。这类皱纹的长势取决于皮肤类型和脸型，一般会在30岁以后出现。颧骨高或突出的人出现这类皱纹的时间会晚一些，但脂肪流失的话则正好相反。

解决办法：同样，最好的办法也是注射肉毒杆菌毒素、填充剂或皮肤活化剂，而注射填充剂是主要的治疗手段。例如，把上半张脸填补丰盈，可以使下半张脸的法令纹不那么明显。（详见第8章。）

◆玫瑰痤疮引起的红血丝

玫瑰痤疮是一种非常常见的慢性炎症性皮肤病，是造成大量皮肤红肿敏感病例的"幕后黑手"。我们对它的了解还非常有限，目前来说这种病是无法治愈的。但可以确定的是，有一种遗传易感性使某些人对导致面部潮红的诱因更加敏感。诱因可能是饮食、酒精、咖啡因，也可能是在皮肤和肠道中发现的寄生虫。脆弱的毛细血管持续扩张，最终形成"蜘蛛状血管"和永不消退的红血丝。

解决办法：如果身体内外的慢性炎症得到缓解，玫瑰痤疮通常也会有所好转，所以，可以从改变饮食和减轻压力等简单的事情着手。请参阅第3章，了解我关于改变生活方式的完整叙述，可能会对你有所帮助。还可参阅第 4 章的护肤品推荐和第 8 章的激光治疗。

皮下组织的问题

皮下脂肪的总体厚度通常会随着年龄的增长而减少，其分布方式也会发生改变。面部、四肢的脂肪含量会减少，而大腿、腹部的脂肪含量则会增加。虽然黑皮肤的人不太容易出现皮肤光老化和皱纹，但即使是那些肤色较深的人，随着年龄的增长，也可能出现脸颊凹陷和下巴松弛的现象。

◆ 皮肤松弛

客户所说的"松弛"可能只是由于缺水（见第 13 页），导致皮肤出现皱纹，尤其是眼周部位，也可能是因为皮肤失去弹性而形成真正的幼态皱纹。我们通常会在一个人微笑时看到"手风琴纹"，也就是宽而垂直的唇纹。皮肤松弛再发展下去，就会表现为嘴角下垂，进而发展到下巴下垂。

不管你的皮肤状态如何，30 岁以后面部脂肪都会开始减少。和长皱纹相比，面部脂肪减少更会逼着人们踏进诊所的大门。40 岁以后，脸上的脂肪越多，看上去就越年轻。早期的皮肤松弛包括脸颊脂肪垫、眼睛正下方脂肪垫和嘴巴周围脂肪垫的萎缩。这些部位的萎缩可以改变你的脸给人留下的即时印象——也叫瞬间印象——让你看起来很疲惫或者很伤心。正如前面所讨论的，我们脸上的脂肪储存在皮肤的皮下组织里，会受到压力的严重影响。英国美容整形外科医生拉吉夫·格罗弗（Rajiv Grover）的一项重要研究表明，人们在遭受创伤后，面部容积会减少 35%。

解决办法：护肤品对极早期的皮肤松弛有效，也可遵循成熟的皮肤修复计划（见第128页），但只有美容治疗才能帮助皮肤达到深层紧致的效果。这些治疗手段包括射频、超声波和激光治疗，皮下填充剂也可以用来填补某些萎缩部位（详见第7章和第8章）。

◆骨质疏松、肌肉萎缩导致皮肤松弛

这种情况的皮肤松弛原因出在身体内部。就像身体的各个部位一样，骨骼和肌肉也会随着年龄的增长而萎缩，女性从40岁开始，男性则稍晚一些。眼窝会变宽变长，加重眼袋、皱纹和黑眼圈。在脸的中部，鼻子会变宽，出现木偶纹（从嘴角到下巴两侧的阴影或褶皱）。下颌角也会发生改变，导致下巴和颈部皮肤松弛。

相对地，部分面部肌肉会变得肥大。这会导致川字纹变深，有些人甚至会牙关紧闭。这种情况通常发生在睡眠中，但白天神情紧张的时候也会咬紧牙关。这最终会导致牙齿断裂、下颌肌肉过度发达，让你的脸看起来更男性化。

解决办法：在咬肌部位（从耳朵前面一直延伸到下颌线的肌肉）注射肉毒杆菌毒素，将有助于防止咬牙和磨牙，也能控制你的压力水平（详见第3章）。注射填充剂在一定程度上可以弥补因骨质流失而损耗的面部容积，例如眼睛和嘴巴周围（详见第8章）。

其他皮肤问题

粟丘疹：这些小白点出现在眼睛周围。它们是角蛋白小球，不是脓，不要挤！粟丘疹的出现不分年龄，但往往在人到中年时出现得更为频繁。新生儿也常出现这种小白点，但通常会自行消失。

虽然定期去角质和涂抹维生素A可以有效预防，但粟丘疹通常是遗传易感性所致。可以请经验丰富的美容师用针或放射外科手术手动去除。

毛孔粗大：这类诊断通常带有主观色彩，有一种情况是，你在镜子里看到的往往不是你的朋友或家人能觉察到的。如果脸上的毛孔让你烦恼，千万不要涂抹那些声称能立即缩小毛孔的面霜，而是选择能减少多余皮脂分泌并改善皮肤弹性的治疗方法，比如涂抹维生素 A（详见第 4 章）。或者是注射"内消旋体"肉毒杆菌毒素，即多次浅层注射少量高度稀释的肉毒杆菌毒素至真皮层，以减少皮脂的分泌，进而缩小毛孔（详见第 8 章）。

面部长毛：在绝经前的几年里，雌激素的下降会导致睾酮水平相对较高，从而促进毛发生长。对某些人来说，有许多可以解决问题的应急办法，比如在脸上涂蜡、用细线除毛等。但若想要长期的效果，还得靠激光脱毛。激光脱毛是永久性的，不会像刮脸、用细线除毛或涂蜡那样导致皮疹和发炎。旧的激光治疗不适用所有类型的皮肤，新的激光治疗则可以。如果你的皮肤比较黑，一定要找一个有经验的医生。

由于激光瞄准的是毛发中的色素，所以它对纤细、短而轻的"毫毛"效果较差。这种毛发可能很难去除，你可以尝试刮脸（又叫"肌肤精雕术"，一种去角质疗法），即用手术刀刀片去除细毛和死皮细胞。但要记住，脸上有些毛发是天生就有的：我们不是生来就没有毛发。

妊娠纹：这在怀孕期间很常见，激素的变化使得胶原蛋白在拉伸时更容易撕裂。一些研究报告称，孕期出现妊娠纹的概率高达 80%。

遗憾的是，虽然大多数面霜和凝胶可能会让你的皮肤摸上去更柔软、更有弹性，但并没有证据表明其有效。不过，秘密救星公司（Secret Saviours）在预防妊娠纹方面做了相当有可行性的研究：套上一根有弹性的"隆起的带子"来支撑胃部，抵消真皮层的压力和张力，防止发生细微的撕裂。

不幸的是，妊娠纹很难治疗。微针和激光可能有效，特别是在早期就治疗的话（参见第 190 页，获得更多信息）。

眼疲劳

眼疲劳是女性前来就诊最常见的原因之一。因为这种情况通常有多个因素在作祟，再加上眼睛这个部位柔嫩、易受伤，所以治疗起来难度很大。黑眼圈和眼袋往往和遗传脱不了干系。它们是由真皮层中活跃的黑素细胞引起的，呈现出蓝灰色的外观，但也可能是充血和血管壁渗漏造成的。举个例子，假如你得了花粉病或感冒，眼睛部位的血流压力就会增加，黑眼圈就会加重。

相关临床处理我将在第 232 页进行详述，在这之前，我先来介绍一些对我们有用的措施和护肤产品。

● 睡眠。你肯定对此有所了解，酒精和咖啡因会降低睡眠质量，影响睡眠时间的长短。你或许还知道其他影响因素。第 50 页提到的内容会对你有所帮助。

● 护肤品中的咖啡因、维生素 C 和维生素 A 等成分可能会导致皮肤表面色素沉着。可以尝试使用 Skinbetter[1] 牌肌肤修复平滑融合护理霜（Rejuvenate Smoothing Interfuse® Treatment Cream，含咖啡因和维生素 C）。Medik8[2] 牌 r- 视黄酸酯眼部精华（r-Retinoate Eye Serum）的成分是温和的维生素 A 衍生物，专为眼周肌肤设计（更多维生素 A 的相关信息，请参见第 107 页）。洁面后，立即取少量精华沿眼眶骨或上眼睑轻拍至吸收。

● 在眼周部位涂防晒霜——不要忽视防晒霜的作用，它很重要！即使你曾经因为涂防晒霜而流过泪。修丽可眼部防晒霜（SkinCeuticals

---

1 ｜ 美国著名药妆品牌。
2 ｜ 英国著名药妆品牌。

Mineral Eye UV Defense）专为眼部肌肤打造，当然，你应该再购买一款可以全脸涂抹的面部防晒霜。戴上大墨镜也可以起到保护眼部肌肤的作用。

●如果你容易眼部浮肿，睡觉的时候可以试着多放一个枕头，把头部垫高。也可以把茶匙放置在冰箱里，一段时间后拿出给眼部冷敷。

●轻柔按摩有助于血液循环。用指尖按压眼眶骨，从靠近鼻梁处开始，向外按压。不要拉扯或摩擦皮肤。

有关眼部美容治疗的相关内容，请参阅第 232 页。

本章要点回顾 ▼

● 我们的皮肤有三层——表皮层、真皮层和皮下组织——通过对皮肤这三层的了解和护理，我们可以有效护肤。

● 受饮食、环境和生活方式的影响，以及激素失调，我们大多数人都有早衰的迹象，而早衰无须介入治疗即可纠正。

● 皮肤问题绝不仅仅是表象，往往会显示出更深层次的问题。

● 忙碌的生活方式导致炎症成了我们大多数人生活中无声的流行病。

● 面部衰老的5种迹象分别是皮肤暗沉干燥、红血丝、色素沉着、皱纹和松弛，这5种问题都可以通过不同皮肤结构的组成和功能的变化来进行解释。

chapter

2

第 2 章

|

心态: 积极抗老的起点

"你觉得自己的脸怎么样？"

这是客户走进我的诊室时需要回答我的第一个问题。通常她们的言辞都很消极。她们会说"我看上去尽显疲态！"，或者指着眉间的皱纹说"它让我看起来像在发怒""它让我看起来心情很差""它让我看起来心事重重"。又或者，她们会指着自己的下半张脸，说："我整张脸都垮了。"

如果你觉得这些话听起来很耳熟，那我就帮你改变一下。我的目标是帮你们所有人重建良好的自我感觉，摆脱对缺点的消极关注，积极思考如何从现在开始让自己拥有最好的气色和感受。毕竟，美既是一种感觉，也是一种外在表现——当你照镜子的时候，当你走进房间的时候，你是什么感觉？你在镜子里看到的和你脑袋里所想的紧密相连。不是你的外貌，而是你对自己的看法在影响着你的情绪、想法、决定，甚至你的生活质量。

如果你是因为心情不好才决定去美容外科诊所的，那么你很可能会失望。这也是为什么你经常会看到有些人整形效果很夸张，比如脸绷得太紧、过分肿胀、表情僵硬。我希望的是，遵循我提出的积极抗老计划，你能在外貌方面找到一些自信，你能感觉到更能掌控自己了。

我不希望人们是因为觉得必须整形才来诊所的，也不希望人们是因为感到有压力，想要去迎合美貌或年轻的标准，才要求注射肉毒杆菌毒素的。我希望她们来诊所是因为她们想好好呵护自己，是因为她们想获得自信。

这就是本章提到心理和自我形象问题的目的：让你为实施积极抗老计划做好准备；明确你阅读本书并在自己身上投入时间和精力的动机，不管你最终是否决定去诊所。

如果你翻回前言重读"积极抗老金字塔"部分，你会对本书有充分的了解，你会发现我在谈到积极抗老时多么看重心态。这是我全盘计划的基石。我希望从现在开始，你选择做每一件事时都会秉持积极抗老的心态。

∫ 别人的外貌

我们都对自己的身体有不安全感。我们生活在一种以貌取人的文化中，我们时常被图片轰炸，还被怂恿在社交媒体上发布自己的照片。当然，我们越来越熟悉媒体打造完美图像的套路了，但这些图像仍然令人难以释怀。

攀比是人的本性，如今，我们可以即刻与世界上所有最漂亮的女人一较高下。

我们知道，每个女人发布的图片都是她"美好生活"的增强版。但不知为什么，我们还是被吸引住了。看着她们的身材、她们的衣服、她们的脸，我们自惭形秽。我们看到的是她们精雕细琢后的外貌，看不到的是她们的不安全感、她们的悲伤或是她们的担忧，也看不出她们对自己长相的嫌弃。

所以，当人们在镜子里看到自己逐渐老去的容颜时，心情也仿佛变老了一般。这时候，人们就会丧失安全感，进而经常预约美容诊所，比如我开的这家。

然而，仅仅靠美容针和面霜，很难卸下所有这些情绪包袱。多数时候，美容诊所成了为那些渴望"做点什么"的女性服务的一站式商店。除了医学学位，我还有心理学学位。作为一名整形医生，我一直觉得倾听客户的心声是我工作中最重要的部分之一，和确保美容效果一样重要。

在诊所一对一的服务中，我听到了太多消极的心理暗示，以及对衰老深深的恐惧。不幸的是，身体畸形和焦虑等会对日常生活造成严重影响的极端问题不在我的工作和这本书的范围之内。但我们大多数人都无法脱离社会，知道那是什么滋味。很少有人能对这样的赞美免疫："你看上去比那个人年轻多了。"而且，大多数人都对自己的外貌抱有不切实际的幻想。如果你有压力或者不开心，你的外貌很容易成为众人关注的焦点。

对女性来说，变老是一件很难接受的事。一方面，我们被灌输的观念是我们每年的样貌都会有所变化，我们的价值在于我们的青春和美貌；另一方面，我们又被告知必须要"优雅地"变老。我们还被告知，不管是担心美貌不再还是去整容都是可耻和肤浅的。被这样的社会价值导向裹挟着，难怪我们会觉得无所适从。

青春已逝，怅然若失，这种感觉正常吗？睡了一夜，仍显疲态，对此感到焦虑正常吗？是的，当然正常。

外貌的改变带来的身份转变绝非是表面的。我们不再拥有曾经的那张脸，这很伤人。就像我的一位客户曾向我描述的那样，这种感觉有点像丧亲之痛。我们可能会生气、会伤心、会否认，以此来应对所有那些随失去而来的情绪，无论失去得多还是少。如果你有这样的感觉，承认它的存在才是健康的做法。

当然，可能不是所有人都有这样的感触。深入思考后你或许会发现自己有积极地迎接这种转变的一面，也得到了年龄增长带来的好处。这些好处可能是：因为自己的能力得到认可而树立了信心，克服了困难而获得了勇气，了解了真实的自己与别人的需求和愿望，你的执着有了回报。

我们只有承认自己感受到的损失，才会接纳自己现在的样子，将这些好处照单全收，进入人生的新阶段。与其沉浸在过去，不如欣赏现在的自己，凸显个性与价值取向，也许根本不用在意别人对我们的看法！

那么，我们如何才能达到自我接纳的神圣境界？

首先，聆听你内心的声音。你在对自己说什么？你又是怎么评价自己的？你善待自己吗？还是说，其实你会自我恐吓，总是用自贬来羞辱自己？对自己说："你这个丑陋的老太婆。"（相信我，我在诊所里听到过更难听的。）我们做梦也没想过对朋友说这样的话，但不知何故，当我们看着镜子里的自己时，这些侮辱人的话很容易就脱口而出了。

你没必要这样生活下去，你可以改变你的思维习惯。这么说好像有点轻描淡写，但如果我告诉你，这种消极想法实际上会让你衰老得更快呢？它会加速"压力激素"皮质醇的分泌，进而诱发炎症！

所以，请不要再自责了。找到你的外貌中让你真正满意的部位，给自己一两句赞美。如果你还做不到真心地赞美自己，那就从表现出一点自我怜悯开始。这是一个体谅和理解自己的简单办法，听起来很寻常，但一项研究表明，这种做法能积极改变痤疮患者对自己的态度。

在为期两周的介入治疗中，研究人员鼓励痤疮患者用多种技巧来缓和自我否定的心态，比如给自己写一封自我关怀的信，或者在鼓励卡上写下自我关怀的话语。"脸上的粉刺令我心情沮丧，但这种感受很正常"，在两周的时间里，他们每天把这样的话读上三遍。两周后，研究人员发现他们的羞耻感和沮丧的心情都明显消退，不仅如此，介入治疗甚至减轻了痤疮症状对他们的困扰。

在卡片或纸片上把下面这句话填写完整，每天读三遍。也可以记录在手机上。

_____ 令我心情沮丧，但这种感受很正常。

你可能也想关闭不断从你手机里跳出来的完美相片，因为除了心理暗示，我们看到的图片以及我们对图片的评论都会影响我们对自己的感受。你可能会发现，简单化的上网习惯可以不断地提升你的自信。我发现照片墙（Instagram）有一种吞噬自尊的独特能力，我每天都会花几分钟时间删除那些让我陷入错误思维的关注用户。我建议你也这样做。限制上网的时间，如果你一定要看照片墙，那就专门看那些旨在引导女性正视身材和年龄的用户，那些用户展示的都是真实的身材和脸蛋，包括美好的赘肉、妊娠纹、色斑和皱纹。

∫ 你需要交流的空间吗？

经验告诉我，有些人在为形象问题烦恼时，从治疗师那里获得的支持确实对他们大有好处。在这种情况下，通过深入的交谈，厘清你的主观看法，这其实比任何治疗或皮肤护理都更明智。接受治疗是自我呵护的一部分。治疗不是回顾过去，挖掘过去，而是期待一个更强大的你。

完成第 33 页的小测验后，你还在为自己的外貌发愁吗？这种心理是否让你没有办法参加社交活动或者做你以前喜欢做的事？如果你尝试向朋友倾诉自己的感受，却没有从中得到慰藉，或者你每天花一个小时甚至更多时间思考这个问题，那我建议你向私人问题顾问或诊疗专家寻求专业的帮助。你可以登录 Welldoing.org 网站咨询相关情况，该网站会聚了全英国超过 1000 位治疗师。你也可以找你的家庭医生聊聊，他有可能会给你推介治疗师。

∫ 如何反对年龄歧视

年龄歧视在我们的社会中仍然普遍存在，但情况正开始有所改观。这在很大程度上要归功于那些充满活力、强大而卓越的女性，她们拒绝仅仅因为已经过了更年期就得躲进阴暗的角落。

电影、时尚界，甚至有些护肤品品牌的做法更具包容性。2015年，LVMH[1] 旗下时装品牌思琳（Céline）在广告宣传中为当时 80 岁高龄的作家琼·狄迪恩送上祝福，而蕾哈娜 2019 年在其品牌 Fenty Beauty 的宣传中启用了令人惊艳的 68 岁模特琼尼·约翰逊和其他几位各种肤色的模特。多芬（Dove）长期以来一直为不同年龄、不同体形和身材的女性代言，而魅可（MAC）则打出"所有年龄、所有种族和所有性别"的标语，成为全球最受追捧的彩妆品牌之一。

但在英国，只有 5% 的电视节目主持人是 50 岁以上的女性；而在电影中，女性主演的平均年龄仍比男性同行小 4.5 岁。不过，这些情况也有所好转。在宣传电视剧《王冠》（*The Crown*）时，海伦娜·伯翰·卡特细数了变老的好处，她在剧中扮演极具反叛精神的玛格丽特公主。在接受《时尚芭莎》的采访时，她说道："50 岁的时候，我担心自己的生活每况愈下。事实恰恰相反。我觉得自己从来没有这么开心过，从来没有这么满足过。电视行业的蓬勃发展带动了以

---

1 | 指酩悦·轩尼诗－路易·威登集团（Louis Vuitton Moët Hennessy），是目前世界上最大的奢侈品集团，主要业务包括葡萄酒及烈酒、时装及皮革制品、香水及化妆品、钟表及珠宝、精品零售。

角色驱动故事的状态，所以我们有很多选择和工作机会。我年轻的时候，年过三十的女性就被贴上了'大龄'的标签。"

其他国家在老龄化方面比英国做得更好。就拿法国人来说，他们的做法不是让时光倒流，而是让自己在任何年龄都风姿绰约。《法国女人绝对不去拉皮》（*French Women Don't Get Facelifts*）一书的作者米雷耶·吉利亚诺（Mireille Guiliano）说："法国有句俗话叫作'人生乐趣五十始'，而在美国，我曾听到30多岁的女人抱怨年华已逝。"她还说，在法国，四五十岁的女性仍然被认为性感迷人，法国男人也很乐意与她们调情。但我认为，经典美人应该还要算上60岁以上的女性，比如凯瑟琳·德纳芙（76岁）、伊莎贝尔·阿佳妮（65岁）和朱丽叶·比诺什（56岁）。

深入观察你会发现，法国人从小就很重视护肤。市场调研公司英敏特（Mintel）的一项调查发现，15—19岁的法国女孩中有33%已经在使用抗衰老或抗皱面霜。据我的法国同事说，她们当然也涉足了医美。和我的诊所一样，她们那里流行的是众所周知的"天然"或"婴儿级"肉毒杆菌，以及巧妙放置的填充剂——这些填充剂的安放位置非常不明显，不易被察觉。这样做的目的是让外貌看起来尽可能自然，而不是让皮肤越来越光滑。

你可能想也可能不想接受这种侵入性治疗。这不是什么问题。我认为我们可以从法国模式中借鉴三点：首先，在意自己的外貌并不虚荣、愚蠢，也不肤浅，这是自我关爱的做法；其次，你完全可以认真地花钱、花时间去护肤；最后，你在任何年龄都可以成为最靓丽的风景，都可以感受到世间的美好。

∫ 心态小测验

正视你的动机、期待和能做到的事，这是对外貌保持健康心态的关键。你看到了什么？你为什么要改变？你会坚持多久？

这是我们所有的新客户都要完成的测试，要问自己一连串问题，要反思，要审视自己。做测试的目的是提醒你思考如何处理脑袋里冒出来的感受或想法。

坐下来照照镜子。你看到了什么？在下面写上答案。

把想说的话写在纸上。坐下来好好思考。

1.

2.

3.

4.

5.

如果用 1—5 分（1 代表快乐，5 代表不快乐）来打分，你的感受是多少分？为什么？

1.

2.

3.

4.

5.

你最大的特点是什么？你喜欢自己外貌的哪些部位？

1.

2.

3.

4.

5.

如果你能改变一个部位，你会改变哪里？

你觉得这会让你更自信吗？

你会更积极地社交吗？

你会把妆化淡些吗？

你会不化妆就出门吗？

你会申请一份新工作吗？

朋友和家人觉得你哪里好看？别人会夸你什么？

如果你看上去是你想要的样子（同时，你还是原来那个你！），
你会改变哪 5 件事情？

1.

2.

3.

4.

5.

如果你现在做这 5 件事情，你会怎么做？

1.

2.

3.

4.

5.

心态的调整

如果你是出于以下原因而寻求"干预"、寻求生活方式的变革、提升护肤水平或进一步涉足医学美学的,那么这表明你需要消除情绪因素。以下是我在客户身上看到的一些常见的情绪触点,以及我的应对策略。

"我觉得自己好像被困在了'等候室',在那里,我对美好生活的向往全都依赖于提升我的外貌。"

对策:实际上,阻碍你的不是你的外貌,而是你对外貌的感受。这是你必须首先处理的潜在问题,可能是自尊心和心态失衡导致的。可以做一下前面的测试。

我最喜欢的励志名言:"无论你能做什么,或者梦想能做什么,放手去做吧。大胆就是天赋、能量和魔力的代名词。"

至于5件你会改变的事情(看看上一页你写的内容)——暂时把你对自己脸蛋和身体的感觉放在一边,现在写下一件你可以马上做的事,告诉自己如何迈出第一步。

由心理学家杰西米·希伯德博士(Dr Jessamy Hibberd)和乔·乌斯马(Jo Usmar)合著的《这本书会让你感受到自己的美好》(*This Book Will Make You Feel Beautiful*)是一本优秀的实用指南,可以帮助你提升身体形象,消除自我怀疑,从而对自己的外貌更加自信。

这本书详细介绍了许多(基于认知行为疗法的)可以提升身体形象的策略、技巧和练习,其中一个策略是解决"思想犯罪"。有一项练习要求你注意自己什么时候会忽略、忽视或搪塞别人对你的赞美,下次有人称赞你的时候,你可以留意一下,很有意思。你会自动回避吗?你会一笑了之吗?你会说"这不是真的"吗?反之,你能试着接受赞美吗?或者至少不要反驳赞美你的人?一旦你开始这样做，你就会注意到很多人也在这样做。

　　"在自己身上花费时间和金钱让我感到虚荣、内疚，甚至二者兼有——真是太浪费时间和钱了。"

　　你没有浪费任何东西。你是在自己身上花时间。这是培养自尊心的关键一步。

　　对策：不要被牵着鼻子走，你要意识到你是根据什么来做出评判的，以及你的内疚感来自哪里。塔拉·斯瓦特博士（Dr Tara Swart）的《源泉》（*The Source*）一书是真正改变生活的源泉，我从她那里学到了我们该如何利用潜力来改变我们的思想，吸引并抓住每天从我们身边经过的机会。

　　认真思考让你困扰的问题。你可以设想把时间和金钱花在自己身上，也许是去美容诊所，去剪个头发或染个发，也许是去修脚或按摩，完全取决于你因为什么而感到困惑。

　　●你脑袋里有什么想法？那是你的理性或逻辑思维在发声。

　　●你心里在想什么？（我经常把手放在心口的位置。）那是你的情绪在表达。

　　●最后，把手放在肚子上。你的肚子告诉你什么？那是你的直觉。

　　关于应该感受什么、思考什么，我们有很多层面的想法和感受，这些想法和感受来自童年、原生家庭、我们成长过程中接触的文化以及我们的同龄人。这个办法为我提供了一条捷径，让我意识到了自己想要的是什么。每次我做这个练习时，都会有令人惊讶的发现。

　　"照片墙真的让我很压抑，每个人看起来都是那么年轻、漂亮、成功又自信。"

　　对策：别去看！要不就按我说过的那样做，筛选你的订阅内容。你也可以少看点，也许一天只看一次，甚至一周一次，每次定好时间。

完善你的账号，让它只向你推荐让你觉得舒服的人，这样你的感受也会好起来。

"帮帮我，我需要锦囊妙计。下个月我要去参加一个大型活动，我的前任也会去。"

对策：虽然你不想听，但说实话，真正的提升是需要时间的。没错，你现在可以去打肉毒杆菌，可以去注射填充剂，也可以接受激光治疗，但这都不是解决问题的办法。从节食到中彩票，我们几乎每天都在被兜售速效方法。但现实是，根本就没有什么速效方法。要想得到最好的结果，你就必须花钱花时间。

改变生活方式并不会让你承担与美容相关的成本或风险，但改变行为这件事本身很难做到。不过，由此带来的回报将改变你的一生，所以我总是鼓励你把改变生活方式作为第一步。我们将在下一章详细探讨生活方式是如何影响你的皮肤和衰老的。

生活方式医学不仅是预防，而且可以正向减少炎症和其他衰老因素的影响。如果你想达到更好的效果，比如，你想让时间回到你十几岁时天天暴晒结果皮肤受伤之前，那么，如果你已经掌握了基本的皮肤护理和生活方式，你可能还想了解医学美容。

如果你决定接触医学美容，那么就要寻求深入、个性化的建议，搞清楚你想要什么样的可以实现的美容效果，并制订一个符合预算的年度计划。在经济或时间不允许的情况下，皮肤护理和治疗是完全没有意义的。别的不说，由此带来的压力对你的皮肤来说完全是噩梦！

无论你选择哪条路，都要现实一点。你会看到效果的，我可以保证。

"我看过好几位医生，但都没效果，也就是说，我的感觉并没有变好。"

对策：这可能意味着躯体变形障碍，虽然概率极低。躯体变形障碍（Body Dysmorphic Disorder）是一种身体意象焦虑症，患者只会看到自己外貌上的缺陷，认为自己很丑或畸形。有这种焦虑症的人占世界总人口的 1%—2%，但我认为存在诊断不足的极大可能，因为这种焦虑症通常被认为是身体问题，而不是心理问题。如果你也有类似症状，可以考虑去治疗（见第 30 页）。

更有可能的是，你对治疗效果不满意。也就是说，你想关注的是金字塔的顶端，而不想打好健康护肤的基石：减少压力，正确护肤，健康饮食，爱护自己。

客户总是问我："我什么时候开始做这几项美容项目？"我详细解答了她们对治疗的疑问，还给她们发送了一份详细的正反分析报告，权衡了利弊。我告诉她们，总有一天，她们会在早上醒来后做出自己的决定。有时候根本就不需要治疗。

在进入治疗阶段之前，培养健康的心态和生活方式相当重要。没有这个基础，你可以做最好的医学面部保养，可以注射填充剂，但它们不会改变你对自己外貌的感觉。这就是接下来两章内容的意义：为积极抗老奠定基础。

本章要点回顾 ▼

● 美既是肉眼看得见的，也是内心的一种感受——你在镜子里看到的与你脑袋里所想的息息相关。

● 我们都在以不同的方式应对衰老。

● 聆听你内心的想法。这个想法有没有极度自我苛责，有没有极端消极？你能做些什么来改变这种情况？去查看你的照片墙的订阅内容，"排排毒"吧。

● 在考虑介入治疗之前，不管是升级皮肤护理、改变饮食和生活方式还是在家治疗，都要先处理——至少要意识到——任何潜在的精神或情绪问题。

● 搞清楚自己的动机、期望和自己能做到的事，这是获得良好美容效果的关键。做或不做都没问题。做决定要明智。

chapter

3

第 3 章

—

生活方式医学

我会问每个新客户 3 个问题：你涂防晒霜吗？睡眠质量怎么样？排便习惯怎么样？我想知道所有的细节。在皮肤科诊所，你可能会被问到前两个问题。最后一个问题呢？被问到的次数不会多。

我为什么要问这 3 个问题呢？从涉足美容行业的第一天起，有句话就一直萦绕在我耳边："一切都发生得太突然了。"客户会抱怨说，她们的外貌在一两年的时间里就明显变差了。

通过询问更多信息，我发现当这种情况发生时，客户正好经历了某段紧张时期，有时压力主要来自精神上的折磨，比如经历了离婚、丧亲之痛、职场动荡、居家隔离；有时是身体上的苦楚，比如怀孕、因哺乳而夜不能寐、更年期、疾病。特别是疫情居家隔离期间，某些客户仅仅过了 6 个月就出现了这样的变化。

这让我陷入了思考：压力会在多大程度上导致肉眼可见的衰老？如果可以的话，我们在艰难时期到来之前、到来时和到来之后可以做些什么来补偿和护理皮肤呢？

∫ 精神、压力和美丽的联系

身为医生，我知道皮肤是重要的排泄器官，我也知道它与身体的其他系统紧密相连。有研究表明，各种压力对我们的身心都会产生连锁反应。压力让我们吃不好，没有办法吸收营养。压力扰乱我们的睡眠，害得我们没有时间或精力锻炼身体。压力还直接影响激素，甚至是基因表达[1]。所有这些负面影响都会通过皮肤呈现出来。

这就是我所说的生活方式医学及其对皮肤的影响，它是积极抗老金字塔的基石。当然，作为美容医生，我对更传统的建议也很感

---

1 | 基因表达（gene expression）是指将来自基因的遗传信息合成功能性基因产物的过程。

兴趣：为什么需要涂防晒霜，因为皮肤会被晒伤，这一点有凭有据，无可争辩；以及为什么吸烟是皮肤的大敌。同时，我希望你在了解这一章的内容之后，能从更全面的角度、更加深入地看待自己的生活方式。

为了方便起见，我把建议分成4个部分：压力、营养、激素和环境。它们之间会相互影响。积极抗老金字塔的这一层与找到出现皮肤问题的根本原因，为皮肤打下最好的健康基石息息相关。同时，我提供的建议会对你的健康产生整体影响，这些建议的好处会在你的皮肤上显现出来。效果不会立竿见影，但会影响深远。

在一个充斥着转瞬即逝的潮流趋势和快速解决方案的社会，我们需要更长远的眼光。本章内容不涉及时间和基因所产生的不可避免的影响，而是向你展示饮食、生活方式、激素和环境是如何让我们从内到外过早衰老的。糖、压力、久坐不动的生活方式，这些都会引发炎症和激素失衡，而且越失衡，衰老得就越快。幸运的是，简单的调整可以带来巨大的改变，让你的身体在岁月的洗礼中有所依靠。

我在第一章中谈到了炎症，还提到了有很多人患有这种慢性疾病。炎症不仅会让我们的身体难受，而且会从内到外加速衰老过程。你凭直觉就知道你的外貌反映了你的整体健康状况，如果你不喜欢镜子中自己的模样，你就会感觉到有压力，就会觉得不舒服。在本章中，这4个部分都和培养抗炎的健康习惯有关，这些习惯会给你带来消除炎症以外的好处，让你看起来健康无恙、容光焕发。

我还将在本章澄清几个我经常被问到的广为流传的问题，比如，跑步对脸蛋有害处吗？巧克力会让痘痘更严重吗？补充剂真的有作用吗？

你可能会觉得我在这一章倡导的变革太多了，你可以想做多少就做多少，或者只做几个。有些建议针对的是不同的皮肤问题，这可能会帮助你做出决定。无论你选择做什么调整，都会产生效果，不仅是对你的皮肤，还有你的整体健康状态，我希望还包括你的幸福。

∫ 压力

我把压力放在第一位，因为它是内部皮肤护理的基础。如果你能建立起良好的习惯，提高睡眠质量，定期放松，你的感受就会变好，肤质就会提升，也有机会做其他有利健康的改变。

和炎症一样，压力反应也是效果在现代生活中出现偏差的一种保护机制。其精心的设计是为了保护你远离饥饿的狮子，但不幸的是，这只狮子现在就在我们的脑袋里：这是一场与日常生活中的所有压力抗衡的残酷斗争。现代社会的压力是日积月累的，难以根除，令人疲惫。

我的客户都把时间安排得满满的，过着不堪重负的生活——可能你也是这样。我没有批评的意思，只是希望你多为自己着想，试试那些被证明能让身体扛住压力的办法。因为压力肯定会影响外貌，而如果你对自己的外貌不满意，你多半不会开心。这简直是恶性循环。

我认为压力就是对你的要求超出了你的应对能力。出现压力时，你的思想、感觉、行为导致的生理变化都会对皮肤不利。所以，来找我的都是那些正在经历或经历过巨大压力的人。

同样需要注意的是，压力不仅仅是情绪上的，还可能来自物理或化学层面。比如消化道感染或者病毒感染，又或者运动过量，这些都是在对身体施加压力。压力不仅仅表现为焦虑、绝望或压迫感，也可能表现为生理问题。这就是为什么它会导致排便习惯的改变，造成头痛、胸闷、脑雾等。回想一下：在过去一个月里，你有过几次身体紧张的症状？

压力增大 → 炎症加重 → 慢性压力加速衰老

科学依据：当压力出错时

就像治疗炎症反应一样，当它持续发生时就会变得具有破坏性，所以压力在短时间内爆发是一件好事。但是，当发展成一种慢性病时，它就会失控，我们的身体就会表现出负面影响。

那么，压力是如何形成的呢？当你的大脑感知到一种攻击时——这种攻击针对的可能是你的身体，也可能是一些更为抽象的东西，比如工作受挫或与家人发生冲突——你的大脑就会向肾上腺（位于肾脏的小腺体）发出信号，产生肾上腺素。你心率加快，大块肌肉充血，准备开启"战斗或逃跑"模式。血液从你的皮肤被转移到你的身体里，这就是"吓得脸都白了"这句话的由来。你的心跳开始加速，准备好采取行动来对抗任何威胁你的东西。同样，如果有动物在追你，或者你的工作突然被划定了最后期限，你都会有类似表现。这种压力反应是不能长时间持续的。

如果短时压力变成长期压力

战斗胜利了，或者你躲开了捕食者，身体就会得到一个明确的信号。但是，这并不会发生在我们永远忙碌的现代生活中。就像炎症性衰老一样，如果压力永远不减轻，细胞就会对"信使"产生抗力，不会停止工作。

如果这种"威胁"持续下去，一支由应激激素组成的"特种部队"

就会介入。皮质醇就是主要的应激激素。主要的应激系统动员其部队为战斗做好准备，例如集结免疫细胞抗击入侵者。身体通过分解组织、阻断或减缓对生存不重要的过程（如新细胞的合成和修复）来建立能量储备，这包括修复皮肤及其屏障，以及产生新的皮肤细胞。

这样做会给身体带来什么呢？血压会一直居高不下。身体容易储存脂肪，尤其是内脏脂肪，即器官周围的脂肪。然后就会造成外瘦内胖的情况：你的体重没有增加，你的腰围却在膨胀。你的免疫系统会受到冲击，变得更容易受到细菌的感染。并且重要的修复和再生资源不会直接针对皮肤。

◆ 为什么压力对我们的外貌影响巨大？

皮肤不仅仅是我们身体内部的被动屏障，而且在身体的应激反应中起着超级活跃的作用。它从一开始就直接参与应激反应：它能觉察到危险的警告信号，例如温度的变化或疼痛。皮肤细胞也会独立于身体的其他部位产生应激激素，所以，每当你处于压力之下时，你的皮肤就会直接做出反应。随后，皮肤会受到身体的影响，皮肤屏障上的焦点会被转移。

皮肤的所有组成部分都处在不断地分解、修复、再生的循环中，皮肤形成的本质意味着它总是在重建。这个循环过程通常是很有效率的，除非生理应激压力严重破坏了皮肤的修复机制。事实上，高水平的皮质醇（一种天然类固醇）对皮肤的影响与长期使用医用类固醇霜相同，都会让皮肤薄如蝉翼、富有光泽、毫无血色。

◆ 压力是怎么写在脸上的？

如果我说压力是导致皮肤衰老5大关键问题和痤疮的原因之一，你应该不会感到惊讶。

*皮肤暗沉干燥

减少脂质生成、细胞更新会导致皮肤屏障变弱，导致死亡细胞在皮肤表面堆积，而这反过来又会导致水分流失和皮肤缺水。长期的压力会使皮质醇升高，减少雌激素的分泌，可以说是一种短暂的更年期状态。这不仅会减少真皮层中新胶原蛋白和透明质酸的生成，还会降低皮脂腺的活性，进而减少表面皮脂的生成，使皮肤看起来显得干燥。

*红血丝

压力会导致血管变得更加脆弱，进而更容易扩张和破裂。应激激素也会刺激皮肤肥大细胞释放组胺：这会引发炎症，导致皮肤出现红血丝和发烫、发痒的情况。肥大细胞也是激素的重要生产者，这些激素会刺激更多的应激激素，所以这是一个双重打击。

如果你的皮肤容易发炎——比如长湿疹、玫瑰痤疮或粉刺——压力就可以打破平衡，要么引发炎症，要么加重炎症。在这种情况下，压力可能来自外界，比如污染物、紫外线、环境冷或热等，也可能来自身体内部。

*色素沉着

压力会刺激许多致炎化学物的产生，比如白细胞介素 -1α（IL-1α），它会刺激黑素细胞刺激素（MSH）的产生。而黑素细胞刺激素又会触发酪氨酸酶，产生更多的黑色素（褐色素）。酪氨酸酶会促进更多皮质醇和黑色素的形成。此外，因为压力会减少细胞的自然更替，所以黑色素细胞会在皮肤表面停留更长时间。

*皱纹

在长期的压力下持续高水平的皮质醇不仅会阻止新胶原蛋白的生成，还会将其分解，使其更难修复。它也会影响弹性蛋白的形成和修复。其结果是皮肤变薄、变脆弱，久而久之就会导致皱纹的形成和加深。

*皮肤松弛

这种情况首先是因为水合作用的下降，其次是胶原蛋白和弹性蛋白水平的下降。但压力也会导致脂肪流失和骨质流失，而正是这些元素构成了脸部的支架。随着年岁的增长，皮质醇水平的升高会干扰新骨细胞的形成，导致分解的骨组织多于沉积的骨组织。

*痤疮

成年人长痤疮通常源于潜在的压力，尤其是皮质醇释放激素（CRH）升高和压力带来的肠道健康受损（下一节将详细介绍）。皮脂腺过度分泌，过度使用刺激性或保湿性较差的护肤品，挑破或挤压痤疮，这些只会让问题更加严重。所有上述因素都会引发炎症，并且因为皮肤与大脑连通，还会（系统地）导致整个身体的压力水平变高。恶性循环还在继续。

个案分析

海伦，44岁，她来找我是想治疗胞状大斑点和脸部红肿疼痛。她告诉我，她脸上的斑点从来就没断过。我诊断她患有玫瑰痤疮，这是一种皮脂腺和毛囊的炎症。在早期阶段，脸颊更容易潮红；到了中期阶段，脸颊上的静脉扩张；后期则会导致皮肤发炎、长脓疱。

海伦想让我给她开罗可坦（抗痤疮药）和其他的速效药。

当我告诉她，第一步应该是彻底调整饮食习惯、缓解压力时，她很失望。我见过很多同样的情况，像玫瑰痤疮这类炎症是不能仅仅从外部治疗的。

海伦是一位职业女性，同时也是个单亲妈妈，过着典型的蜡烛两头烧的生活。我告诉她，她需要给自己更多的时间来缓解压力。她想服用抗生素，但从她的症状来看，很明显，她的肠道功能并不好，于是我劝她最好先试试别的办法。

居家隔离的生活给了她改变的契机，她也抓住了这次机会。海伦告诉我，居家工作让她有时间停下来反思自己的生活，把客户数量缩减到一个可控的数字。她开始到户外锻炼，在家里上健身网课，而不是强迫自己每天去健身房——其实她很清楚自己从来没有真正喜欢过去健身房。她已经不像以前那样折腾自己了。

海伦开始用智能手环监测睡眠，这种智能手环还能监测压力。只要她不再需要出差去见客户或住酒店，她就发现自己的压力减轻了。她规定自己每天工作到晚上 7 点。她花时间监控自己的睡眠，保证自己有规律的就寝时间，并注意到自己的睡眠质量有了提升。不用通勤，她发现自己开始有时间做饭，也吃得更好了。她做了血液测试，结果显示她缺乏维生素 D，于是她开始服用补充剂。我还建议她服用有抗炎作用的欧米伽 -3 脂肪酸补充剂。

说到护肤品，我让海伦只选择基础款，并告诉她不可以使用她在恐慌中购买的多种刺激性产品。我让她参加了针对痤疮的介入治疗（完整计划见第 138 页），包括用水杨酸去角质、用防晒霜保护皮肤、用处方维 A 酸（维生素 A）修复皮肤。

新的生活方式实施 4 个月后，海伦的皮肤看起来好多了。她没有服用抗生素，也没有服用罗可坦。她第一次来找我时，还不能用激光治疗玫瑰痤疮引发的血管扩张（更多有关激光治疗的内容请参见第 8 章），因为相关治疗最好是在没有发炎或长脓疱的皮肤上进行。但现在，她已经开始了一个疗程的治疗，多年炎症留下的红斑也变少了（更多治疗信息请参见第 230 页）。海伦知道，有些时候工作日程的安排会让她不得不再次忙碌起来，但她已经看到了习惯、饮食、运动和皮肤护理的变化所带来的积极影响，她有动力将这些好习惯坚持下去。

使皮肤镇静的方法

你或许已经知道了很多关于如何对抗压力的建议，也许你已经
尝试过一些不同的方法。如果你已经掌握了类似的技巧，知道哪些
习惯对你有用，那就继续坚持下去。无论是晨间散步、冥想、瑜伽、
烹饪还是涂色，继续加油吧！

我将在下文列出我在诊所看到的对客户有效的方法——也包括
对我有效的方法。正如你将看到的，虽然这些改变似乎都是最基本的，
但它们对客户的皮肤产生的影响很深远。我推荐的基本方法是通过
呼吸、睡眠和运动来减压，下一个层级的方法是到大自然中去、感恩、
友谊、为自己花时间。你不必什么都做，但要做些什么。

你或许已经很清楚自己需要什么了。如果你正忙着照顾孩子，
那么你需要的是睡眠。如果你整天都坐在办公桌前，你需要的是起
身多走动。

这么做是值得的：调节压力已被证明可以减少体内炎症，增加
细胞修复，改善肠道健康、消化和营养吸收（本章稍后将详细介绍），
以及提升你对环境压力的防御能力和重新平衡你的激素。记住，所
有这些都是相互关联的，都会影响到你的皮肤。例如，提高 β - 内
啡肽（体内"快乐激素"之一）的水平，可以减缓角蛋白生成过程
的自然衰退，而角蛋白是表皮的重要蛋白质。

◆ 提高呼吸质量

不是冥想，也不是正念。我保证不难做到。呼吸是我要求客户
关注的第一件事，因为这无疑是缓解压力最简单的方法。学会更好

地呼吸对皮肤有多种好处。在不到一分钟的时间内,深呼吸会将交感神经系统控制的"战或逃"模式切换到由副交感神经系统控制的放松模式。

当你呼吸时,你将氧气带入肺部,并排出二氧化碳。氧气对将食物转化为能量是不可或缺的。它被用于生成三磷酸腺苷(ATP),这是一种通过每个细胞的发电机——线粒体——传递细胞能量的燃料。此外,淋巴系统需要呼吸和运动来输送血液。它收集细胞废物,传递营养素,帮助消灭对皮肤有害的病原体。

- 闭上眼睛,呼吸。试着像使用吸管那样呼气。你或许时间有限,只能做 3 次深呼吸。理想情况是至少深呼吸 10 次。无须使用应用程序。无须躺下。不必计时或反复吟诵,不必强迫自己保持清醒。你的注意力会自动地集中,你根本不会意识到自己有多紧张。深呼吸。尽量多重复几次。

- 有一个办法对我很管用,我会在电灯开关、水龙头、门把手上留下彩色小贴纸,提醒自己要停下来深呼吸。

- 试试两倍呼吸法。吸气同时数到 2,呼气同时数到 4,然后吸气同时数到 3,再呼气同时数到 6。

- 转变心态。这点比较难做到,你可以试着不再把注意力放到任何消耗你的东西上,而是放到进进出出的呼吸上。这有助于你拉回自己的关注点,找到更多的视角,从而让自己更安心。

- 如果你有兴趣,可以尝试冥想。冥想定时器(Insight Timer)是一款免费的应用软件,里面有世界上最好的老师提供的 6 万次冥想,你一定能从中找到一个或更多你喜欢的老师。

◆ 提高睡眠质量

你很清楚自己需不需要睡得更久、睡得更深。你就是那个坐在电视机前就会睡着的人，你就是那个坐在办公桌前努力睁大眼睛的人。也许你一直坚持早上喝咖啡，或者下午喝茶、吃巧克力，甚至晚上喝葡萄酒。

我会向所有客户打听她们的睡眠时间和睡眠质量，因为睡眠非常重要，会影响身心的每一个系统。我们的身体在睡眠时会修复细胞和维持激素。充足的睡眠能提升你的情绪，为你补充精力。睡眠不足会很快在你的皮肤上显现出来，而你改善睡眠模式的效果也能呈现在皮肤上。

睡眠－觉醒周期也被称为昼夜节律，对甲状腺激素、生长激素和性激素等重要激素的调节有极大的影响。保持规律的就寝和起床习惯，最好与 24 小时的太阳日保持一致，这对激素很有好处，因此也有利于美容（更多关于皮肤与激素的内容，详见第 81 页）。

深度睡眠是最能恢复精力和活力的睡眠阶段，对于皮肤的生长和修复、新胶原蛋白的产生以及修复白天紫外线照射造成的一些DNA 损伤都是必不可少的。修复也会在白天进行，但深度睡眠时生长激素的激增会大大促进身体的修复。深度睡眠的时间因人而异，从零到占总睡眠时间 1/3 不等，平均来说是 15%—20%，也就是每晚1—1.5 个小时。随着年龄的增长，深度睡眠时间会明显减少。

美国军方 2018 年的一项研究表明，睡眠有助于伤口愈合，你可以将其视为我们的皮肤每天遭受的一种极端形式的损伤。即使缺少睡眠的人服用了能有效减少炎症介质的补充剂，睡眠者的伤口愈合速度也会比缺眠者更快。众所周知，炎症介质会减缓伤口愈合的速度。

睡眠不足会切断大脑和胃的连接，导致饮食冲动，无意识地吃对皮肤无益的食物，比如含糖或含盐的零食。其中一个原因是，当你睡眠不足时，胃饥饿素和瘦素蛋白这两种有关食欲的激素的水平就会失衡。许多研究表明，睡眠不足会导致饥饿激素胃饥饿素的升高和饱腹激素瘦素蛋白的下降，所以你会觉得更饿。

与此同时，深度睡眠不足意味着生长激素水平低。生长激素会通知细胞，要获得能量，必须消耗脂肪，而不是碳水化合物。长此以往会导致什么结果呢？高脂肪，低肌肉。我在诊所经常看到的恶性循环就这样开始了：睡眠不好→情绪不好→暴饮暴食、过量摄入咖啡因→放弃运动→自我形象差。

*我的深度睡眠计划

●我每晚至少要睡 7 个小时。每个人需要的睡眠时间因人而异，但大多数人都需要睡 7—9 个小时。可以由此推算你的就寝时间。我喜欢早上 6 点在家人醒来之前起床，所以我必须在晚上 10 点前睡觉。记住，没有人的睡眠效率可以达到 100%。

●睡前仪式。我通过涂抹护肤品向身体发出睡觉的信号。这就到了按摩、精油和迷人的香水真正发挥作用的时候。

●卧室准备。关掉房间里的灯，确保安静、平静的睡眠环境，不要在房间里堆放待洗的衣物、买回来的食物，也不要把工作带进卧室。此外，在睡前至少一个小时内，最好不要在卧室里工作、吃东西，也不要浏览电子设备。如果可以的话，关掉电子设备。电子设备发出的光（尤其是蓝光）被认为会降低人体自然睡眠激素褪黑激素的水平。褪黑激素是松果体分泌的一种激素，通过降低血压和身体中心温度为睡眠做好准备。

●如果要喝咖啡，我不会在午后喝。有些人能对付下午的咖啡因，但有些人真的不行！尤其是那些带 CYP_1A_2 基因的人，这种基因会减缓咖啡因的新陈代谢。你应该知道咖啡因是不是会影响你的睡眠。

●我会尽量不在晚上 8 点之后进食，因为停止进食的最佳时间是在睡前 2—3 小时。食物会使身体产生胰岛素，而胰岛素会向你的身体发出保持清醒的信号。

●上床前 30 分钟，我会喝一杯不含咖啡因的茶放松一下，看会儿书，再洗个澡。绝对不工作，因为我知道工作会让我的大脑超负荷运转。皮质醇水平会在早上达到峰值，在晚上 11 点左右降到最低。正是皮质醇的下降导致了令人昏昏欲睡的褪黑激素的上升，所以你在睡前要想尽一切办法让皮质醇水平处于低值——最好不要在深夜饮酒，也不要焦虑。

●在那些有机会打个盹儿的令人愉快的日子里，我会在午饭后小睡一会儿，因为这时候体温和皮质醇会下降，而距离起床时间已过去了大概 8 小时。如果此时你经常需要喝茶、吃点饼干来提神，那就说明你肯定很累了，小睡 20—30 分钟的效果会更好。如果你没有失眠症，午睡应该不会影响正常的睡眠习惯。我会尽量不在晚上打盹儿，也不睡懒觉，因为这么做会打乱昼夜节律，让你有可能难以入睡。

◆ 更明智的运动方式

找到一种你喜欢的运动方式，如果可以的话，每周运动 3 次，每次 30 分钟。每天快走 30 分钟也很不错。

不要做自己讨厌的事情给自己加压，也不要做太费力的事情给自己加压。如果你已经被激素、更年期、孩子或工作拖累而睡眠不足，那就更不要给自己加压。如果你有这样的情况，不要逼自己拼命运动。高强度间歇训练（HIIT）、硬核跑步只会进一步提高皮质醇水平。

也尽量不要拖到周末才去运动。通过运动释放压力只会持续 24 小时，工作日也需要运动！

为什么我这么热爱运动？因为运动有全身抗衰老的强大功效，对皮肤也是一样。相关研究一再表明，运动在细胞水平上能逆转衰老，帮助基因像年轻时一样工作。在一项有趣的研究中，65 岁以上的志愿者进行了为期 6 个月的锻炼，结果显示，他们不仅大腿肌肉力量增加了 50%，还有许多积极的基因变化。

运动能使你平静下来。压力反应会促使我们采取行动，但 95% 的情况下，我们都不需要和狮子搏斗，甚至不需要逃跑。这就是运动能减压的原因：它释放了你体内所有企图冲出牢笼的能量。

运动还会通过增加让人心情舒畅的内啡肽水平来让你获得自然

的快感。内啡肽不仅能提升情绪，还具有消炎的功效，可以直接降低皮质醇水平，是天然的止痛药。运动还会诱导身体产生天然大麻素，这种物质被认为对身心有放松和平衡的作用，因此 CBD 精油（CBD oil）[1] 颇受欢迎。

运动具有逆龄的功效

1. 运动可以改变 200 多个基因的工作方式，逆转身体所有系统与年龄相关的功能退化，包括免疫系统和大脑，以及增加身体力量、肌肉质量和骨密度。

2. 可以通过促进循环和提升肺活量——这意味着更好地将营养和氧气输送到细胞和皮肤——让你容光焕发。

3. 出汗有助于身体排毒。包括重金属、杀虫剂、石化产品在内的许多工业毒素都可以通过汗液排出体外。

4. 运动对皮肤结构也有好处——一项研究表明，每周运动两次，每次持续 30 分钟，就可以使角质层变薄（提高皮肤的光泽度），使真皮层变厚（可以减少皱纹）。

5. 可以降低血糖水平，从而减少皮肤焦糖化（参见第 74 页关于糖化或"糖下垂"的内容）。

6. 可以刺激生长激素分泌，从而改善细胞修复和再生机制。

7. 可以促进骨骼生长，对抗随年龄增长而出现的面部骨骼衰退（和下垂）。

8. 可以减缓炎症，从而减轻炎症性衰老的影响。

---

1 | Cannabidiol oil，国内称麻宝懘或 DM CBD，是大麻植物中主要的非成瘾性成分，具有舒缓、修护等功效，在生物医药、化妆品等领域具有一定的应用前景，部分美国消费者将其作为替代性保健品使用，治疗焦虑失眠、皮肤感染等症状。2021 年 5 月 28 日，国家药监局发布的《国家药监局关于更新化妆品禁用原料目录的公告》（2021 年第 74 号）将大麻仁果、大麻籽油、大麻叶提取物等列为禁用成分。

9. 运动有利于定期排便，从而促进肠道健康。

10. 可以增强免疫系统。

11. 可以增加睡眠时间，提高睡眠质量。

12. 可以改善体态，这对外形影响很大！

*什么运动对面部最友好？

无论做什么，你都要享受过程，不要过度劳累。如果你的腹部脂肪甩不掉，你可能会认为是自己锻炼得不够。但其实长时间用力过猛会提高皮质醇水平，反而更有可能在腹部储存脂肪。

你需要尝试以下几种运动组合：

1. 有氧运动：如果可以的话，每天都做有氧运动，哪怕只是快步走或者爬几段楼梯。高强度间歇训练能促使生长激素以最大量增长，这对皮肤修复和再生很有用。但有氧运动并不适用于睡眠不足的人。每周至少运动两次，每次至少 20 分钟。

2. 力量训练：每周 2—4 次。你可以利用自身体重、弹力带或负重器械来进行力量训练。过了 30 岁，我们的肌肉量每年都会自然减少 1%，定期的力量训练可以防止这种情况发生。你需要明白的是，根据你的健康水平和年龄，在训练期间要选择合适的时段恢复体力。因为随着年龄的增长，恢复体力需要的时间也会变长。连续训练会让你没有足够的时间恢复……这么做会导致炎症。每隔一天进行腿部和手臂运动。此外，还有一点是显而易见的，那就是不要带伤训练，否则炎症会加重（而且很疼）！

3. 伸展运动：每周 2—4 次，每次 30 分钟。瑜伽、普拉提和拉伸对柔韧性和关节健康都有好处。瑜伽是我的首选，它能降低皮质醇，

减少炎症标志物 [1]，有助于增强平衡感和力量，有利于减肥。扭转等动作对肠道健康和通便也有好处。有充分的证据表明，瑜伽也能让你的身体进入副交感神经模式或放松状态。

*跑步对面部没有好处吗？

不，本质上不是。问题在于人们可能跑得太远、太快、太频繁了。有些来诊所的女性告诉我，她们把长跑当作减压的心理出口。她们往往就是那些跑得太辛苦的人。马拉松之类的高强度训练对面部很不利，因为它会导致全身脂肪流失，表现在脸上就是明显的松弛，所以才会有"跑步危害面部"的传言。

由于脂肪流失而导致的皮肤松弛通常要到 40 岁才会体现。刚开始，随着面部脂肪的减少，你可能会喜欢轮廓分明的颧骨和下巴。

---

1 | 炎症标志物（inflammation markers）指临床诊断中对炎症性疾病进行判断所依赖的指标。

但是，突然有一天，你会脸色憔悴、无精打采、精疲力竭，或者双下巴明显，看上去比长皱纹更显老。

如果你想跑步，请遵循以下几条规则：

1.涂防晒霜，戴上帽子。涂防晒霜很重要，因为你在户外，而出汗也会增加皮肤对紫外线的吸收。

2.运动量不能太大。很多人利用跑步来释放压力，其实是把一种压力转换成另一种压力。可以在每两次跑步之间休息一两天！或者隔段时间把跑步改成瑜伽或普拉提。

3.卸完妆再去跑。涂上化妆品不利于出汗，而且化妆品的降解产物会刺激皮肤。所以，在运动之前，要彻底卸妆并涂抹少量的保湿霜。

个案分析：慢跑爱好者的面部治疗

43岁的凯特是3个孩子的妈妈。她来诊所的时候压力很大，神情非常痛苦，失眠和压力把她折磨得憔悴不堪。面对这种现状，她非常无助。她告诉我，别人总是问她怎么了，她已经受够了。她预约了注射肉毒杆菌毒素，但为了更好看，她做好了接受任何治疗的准备。凯特告诉我，她几乎每天早上都跑步，每次至少一个小时，以此作为减压的出口。

我让凯特做的第一件事就是在跑步时涂上防晒霜，戴上帽子。她的肤色很深。我问过她是否考虑暂停跑步，或者至少缩短跑步时间。我看得出她不想完全停止跑步，于是我解释说，她把自己逼得太紧了，反而会因此加重身体的负担。我告诉她要多休息，哪怕白天躺个10分钟也好，集中精力深呼吸。

凯特决定停跑几个月。她每周改练几次普拉提和瑜伽，并在健身房进行力量训练。最重要的是，她开始接受治疗，并因此学会了如何处理情绪，而不是在人行道上跑步。她开始每6周做一次快速面部保养(详见第6章)。

3个月后，她注射了少量的肉毒杆菌毒素，以减缓她紧皱的眉头和鱼尾纹。

然后，凯特又开始跑步了，但一周只跑几次。无论晴天还是下雨，她总是涂抹防晒霜，戴好帽子。

凯特上次来的时候给我看了一张她3年前参加婚礼的照片。她告诉我，她更喜欢自己现在的外貌和性格。经过仅仅6个月的治疗，她就看起来既年轻又健康了。这不仅是因为她的皮肤看起来更加丰盈柔软，而且脸上的色素沉着也变少了。她身上的压力减轻了，心情也更愉快了。

◆ 其他减压小窍门

有时间的话，你可以在平时选择以下活动来减压。

*亲近大自然

我把大自然称作"维生素G"，因为投身绿色的世界有着强大的抗压效果。越来越多的研究表明，多出去走走，看看满眼的绿色，与大自然亲密接触，可以减轻心理压力。研究表明，大自然有助于缓解注意力疲劳，并能提升自尊和情绪。如果可以的话，每天至少花20分钟投入大自然的怀抱。条件允许的情况下，每天早上步行或骑自行车，周末增加步行或骑行的时间。尽量制订走最绿色的路线的计划，呼吸新鲜空气，关掉手机，融入大自然。

如果你没有时间去绿地或公园，哪怕盯着窗外的花园或树木多看几眼也是有好处的，花钱买些室内植物也可以。植物不仅能补充维生素G，还能净化室内空气，室内空气比室外空气污染更严重。

*多想想美好的事物

豪萨部落有句谚语，是我听过的最明智的谚语之一："只要多一点点感恩，你的视野就会开阔很多。"记下发生在你身上的好事，不管是小事还是大事。列出让你感激的事，写下某一天对你好的人，把你做过的让人微笑的事、你学到的东西统统记录下来。在床边放一个记事本，养成每天早上或晚上记录美好事物的习惯——其实什么时候都可以，只要你觉得合适。

这样做是有意义的，因为发现你要感激的人和事并表达出来，可以释放压力，降低血压，改善睡眠质量，增强免疫系统，让你觉得更加快乐、更加幸福、更加宽容，也更具有同理心。

*和朋友多聚聚

我们知道，社交对我们的心理和情感健康都有好处。但研究表明，社交对身体健康的作用也不容小觑。一篇涉及 300 多万人、共 70 项研究的元分析显示，缺乏社交活动确实会增加死亡风险。孤独被认为与肥胖和吸烟一样有害健康。即使是在因为疫情导致封城之前，我们很多人也没有足够的社交活动。英国国家统计局报告称，2016—2017 年，英国有近一半（45%）的成年人感到孤独。

首先，想一想哪段友谊或关系让你心情愉悦，即使只是和你经常遇到的人相处。有没有哪些群体让你觉得很快乐？列出来。如果可以的话，安排时间和这些乐观积极的人见个面。如果你没法儿和他们面对面交流，那能上网见到他们吗？还是可以在社交媒体上联系？你能为当地社区的人们做些什么吗？大量研究表明，帮助他人是一种很好的提升幸福感和减压的方式。

*留时间独处

拿出日记本，因为这件事需要计划。我每天都会把自己的时间安排写进日记。我确实能理解，如果你超级忙，或者你要带娃，每天家里鸡飞狗跳，那么这条建议可能会让你厌烦。你可以从抽出 5 分钟开始，用这 5 分钟时间养成护肤习惯。每天护肤两次或许是一天当中你唯一能留给自己的时间，也是能好好爱护自己的时间，所以慢慢来，好好享受爱自己的过程。

我现在会在家人起床前练 20 分钟瑜伽。我以前从不在工作日吃午餐，但在街区附近散步绝对是我对自己的最低要求。每天，我都会安排时间看会儿书，听听音乐，甚至发会儿呆，什么也不做。我会在做家务时播放播客或者任凭思绪自由驰骋，尽量让做饭之类的事变得更有乐趣。

优先考虑自己想做的事，而不是别人希望你做的事。这是我的教练曾经告诉我的最好的建议：学会拒绝。这句话他对我说了两年，我才真正听懂（你愿意听才会明白！），并坚持做到。教练还告诉我，要列出自己的待办事宜，不想做的事也要写下来。

∫营养

如果你曾经在彻夜狂欢后的早晨照过镜子，你就会知道你吃下去和喝下去的东西会反映在你的皮肤上。以下内容就是告诉你如何确保你得到健康皮肤所需的正确的营养。

皮肤和身体的每个器官一样，都需要适当的营养平衡。也就是说，碳水化合物提供能量，蛋白质合成胶原蛋白和角蛋白，脂肪打造坚固的皮肤屏障，微量营养素构成皮肤的最佳结构和功能。

在本章的稍后部分，我会列出对皮肤有好处的饮食建议（参见第 69 页"吃出美丽"）。我还会聊聊你可能需要哪些补充剂来完善营养，因为没有哪种饮食是完美的，现代农业的耕作方式降低了食物的营养水平和个体的基因组成水平。

我会从消化问题说起。健康的消化系统作用可不小，因为它不仅会决定你吸收营养的情况，还会直接影响你身体和皮肤的炎症水平。我见过一些客户，她们的饮食无可挑剔，她们的皮肤却因为肠道问题而麻烦多多。

所以，我会向新来的客户询问她们的排便习惯。你多久去一次洗手间？腹泻吗？便秘吗？腹胀吗？胃肠胀气吗？腹痛吗？假如你的肠胃状况不好，尽管你可以注射最好的肉毒杆菌毒素，你也可以砸重金购买护肤品，但你的脸色还是会暗淡无光。

如何改善肠道和皮肤健康

接下来，我会深入探讨皮肤与消化的关系。首先，我会对消化道进行简要概述：消化道始于口腔，贯穿全身。这里有 3 个主要的问题可能会影响你的皮肤状况：

1. 消化不良和吸收障碍。你可能没有消化或吸收你吃下去的食物，所以你的皮肤没有得到它需要的营养。

2. 肠道失调。也就是你的肠道微生物组（GM）失衡了。肠道微生物组是指生活在你大肠内的数万亿个微生物。肠道微生物组失衡不仅会影响皮肤营养水平，还会导致炎症性衰老。

3. 便秘。这是第 3 个问题，我认识的太多客户都有便秘的问题，便秘会导致炎症毒素在体内堆积。

接下来，让我们更详细地探讨消化道问题……

◆ 消化不良和吸收障碍

*口

吃慢点！将嘴里的食物咀嚼 20 下之后再咽。如果你吃的是含碳水化合物的食物，品一品味道是如何变得更甜的。这是因为唾液中一种叫作酶的物质将淀粉分解成了糖，这是消化的第一阶段。好好咀嚼，让酶发挥作用，改善肠道的功能。

含碳水化合物的食物包括水果和蔬菜，而不仅仅指谷物和土豆。如果你充分咀嚼，那么在消化过程的后期，你更有可能吸收水果和蔬菜中的类胡萝卜素，这是皮肤防御系统所需要的物质。

*胃

消化蛋白质的关键在于胃酸水平恰到好处。蛋白质是构成健康皮肤、毛发和指甲的基石。

事实上，40 岁以上的人群中有 40% 的人胃酸水平明显较低，也就是胃酸过少。你可以通过一个小测试来了解自己的胃酸水平。起床后的第一件事：舀 1/4 茶匙碳酸氢钠（小苏打）倒入一小杯水中，空腹喝下。如果你的胃酸水平合格，2—3 分钟内，碱性碳酸氢钠会和胃酸发生反应，你就会打响嗝。

如果你没有打响嗝，可以服用补充酸的药物。但你应该先去找营养师咨询，尤其是如果你还有其他消化问题，如腹胀或便秘。多吃富含锌的食物，比如牡蛎、牛肉、螃蟹（如果你吃素，可以选择种子类食物、海菜和全谷类食物），也能促进胃酸的分泌。

注意：定期服用抗酸药并不表示你有足够的胃酸。它可能只是说明酒精或食物在你的胃里停留太久，因为它们没有被分解。

*小肠

小肠是你从食物中吸收脂肪的地方。对于皮肤（和全身健康）来说，重要的是你不仅要摄入脂肪（见第 71 页），还要吸收脂肪。你必须吸收脂肪，这样你才能吸收维生素 A、维生素 D、维生素 E 和维生素 K，它们都可以保护皮肤免受紫外线的伤害，促进皮肤修复和更新。这些维生素是"脂溶性的"，也就是说它们溶于脂肪，只能随脂肪一起被吸收。

维生素 A 也被称为视黄酸（retinoic acid）或视黄醇（retinol），它能在紫外线照射下阻断分解胶原蛋白和弹性蛋白的酶（基质金属蛋白酶），并刺激外表皮产生新的细胞。维生素 A 的常见食物来源：蛋、橙色和黄色的水果及蔬菜。

维生素 D 可以防止由中波紫外线损伤引起的皮肤细胞死亡。它还能在基因水平上促进新细胞的修复与合成。维生素 D 的常见食物来源：富含脂肪的鱼（三文鱼、沙丁鱼、鲭鱼）、红肉、蛋黄。

维生素 E 既能从表面上保护皮肤免受户外紫外线引起的损伤，又能在真皮层深处保护胶原蛋白，防止其随着时间的推移而自然变硬。维生素 E 的常见食物来源：坚果和种子、牛油果。

最后是维生素 K，它是一种有效的抗氧化剂，已被证明可以通过刺激新的成纤维细胞的合成、改善血液供应来加速伤口愈合。维生素 K 的常见食物来源：绿叶蔬菜、乳制品、牛肉。

那么，如何确定你在吸收人体所需的脂肪和维生素呢？如果你出现了腹胀、胃肠胀气或脸色苍白、水样便（这可能表明大便里含有未消化的脂肪）的症状，那就说明你并没有完全吸收。你的肝脏分泌胆汁，开始分解脂肪，然后你的胰腺分泌酶来完成这项工作。吃菊苣（欧洲菊苣）、豆瓣菜、芝麻菜等苦叶菜有助于刺激消化酶。你也可以服用补充剂帮助消化，比如敏感症研究集团（Allergy Research Group）[1] 的产品"全谱消化"（Full Spectrum Digest）胶囊。（如果你有上述任何症状，最好去找营养师咨询。）

---

1 | 美国一家补充剂公司，成立于 1979 年，是第一批将低敏配方引入市场的补充剂公司之一。

◆ **菌群失调**

***大肠中的肠道微生物组（GM）**

肠道微生物组由生活在肠道中的大约 100 万亿个细菌、病毒、真菌和其他微生物组成，这些微生物有好有坏。它们不仅能通过发酵将肠道内尚未消化的食物进一步分解，还有其他许多功能，下文将对其中一些功能进行解释。

在肠道微生物组中，细菌的整体混合与多样性都很重要，并且，和某些"坏"细菌（如寄生虫感染）一起，它们与痤疮、肥胖和癌症等疾病都有关联。很明显，你的肠道微生物组状态会影响身体的每一个器官，包括免疫系统和皮肤。虽然这个研究领域在不断扩大，而我们对交联（cross-talk）的准确分子机制还没有完全了解，但我们知道的是，健康的肠道微生物组的重要性不可忽视。

●有些维生素是肠道微生物组合成的，包括一些维生素 B。它们是肠道发酵的众多有用的副产品之一，被称为后生元（postbiotics）。其他对皮肤有重要作用的后生元有我在前文提到过的维生素 A 和维生素 K。

●肠道细菌的适当平衡有助于将我在第 1 章提到的会加速皮肤老化的炎症性衰老降到最低。其中一个途径就是生成被叫作短链脂肪酸（SCFA）的抗炎后生元，特别是丁酸盐（也是肠壁的主要能量来源）。

●肠道微生物组的机能会通过体内激素和免疫系统等多个途径影响情绪和心理健康，这是一个热门的研究领域。其中一个影响途径是，肠道微生物组会产生一些直接影响情绪的重要神经递质，包括能给人带来美好感受的大脑化学物质血清素。

***我们怎么知道肠道微生物组对皮肤有影响？**

首先，肠道微生物组的破坏和失衡——即肠道生态失调——几乎总是在痤疮、湿疹、银屑病等炎症性皮肤病患者身上出现。第二，有大量公布的数据表明，服用益生菌可以改善肤质，益生菌是一种将有益细菌引入肠道微生物组的补充剂。谈到介入治疗，我一直坚持饮食第一的原则，但在下文提到的 5R 方法中，我加入了每天服用益生菌补充剂来影响肠道微生物组的研究，因为已经有令人信服的数据表明它们与皮肤有关。

*如何在肠道微生物组中获得更多的多样性呢？

虽然你无法控制影响生物群系多样性的事情，但吃什么是你最能掌控的。单调的饮食会导致单调的生物群系，所幸反过来也能成立。植物多酚是水果、蔬菜、香料和草本植物中富含的化学物质，它能立即增强你的生物群系，并富含抗氧化剂、抗炎剂和可溶性纤维素，因此增加摄入量会立刻起作用。尽量多吃不同的食物，因为最近有研究表明，和我们一直追求的一天吃 5 种食物的传统习惯相比，更有好处的做法是每周吃 30 种不同的水果、蔬菜和豆类。这样一来，你就能够在更多样化的饮食基础上构建更优良的肠道微生物组，而不是仅仅靠每天吃下肚的 5 种蔬菜水果。

*保证肠道微生物组健康的 5R 方法

5R 方法由美国功能医学研究院（IFM）设计（我是这家研究院的注册会员），营养治疗师克里斯汀·贝利（Christine Bailey）在此基础上针对皮肤做了相应的改动。

●**精简（Remove）**。在精简饮食之前，首先要做的是坚持抗炎饮食（参见第 69 页"吃出美丽"）。然后，在一个月内，不吃或少吃你认为可能过量的食物，或者那些可能对你的肠道健康没有好处的食物。最常见的肠道刺激物是酒精、糖、过多的脂肪、人工甜味剂和高血糖生成指数（GI）食物，包括含糖食物和碳水化合物。你应该知道自己还对其他哪些食物不耐受。

接下来（在营养师的指导下）的步骤：

1. 服用益生菌布拉酵母菌一个月。营养师利用这种强大的肠道细菌来治疗肠道，刺激其清除寄生虫、真菌和其他有害细菌。

2. 也可以尝试为期 3 周的排除饮食法。就像我说过的，我不喜欢限制饮食，但是在营养师的指导下，排除饮食是一个确定食物不耐受或过敏的好办法。该排除饮食法同样由 IFM 设计：先不吃容易引起过敏反应的常见食物，包括麸质谷物、乳制品、大豆、玉米、牛肉、猪肉、贝类、花生、精制糖和鸡蛋，然后重新每次加入一种食物，监测肠道反应。

●**更换（Replace）**。在饮食中添加膳食纤维来促进肠道蠕动，如果发现消化分泌物含量低，则更换必要的元素来优化消化分泌物（同样地，我建议此时可以寻求功能医学专业人士的建议）。如果缺锌，补充锌可以促进胃酸的分泌。

●**恢复菌群（Repopulate）**。为了持续地改善肠道微生物组，你必须服用益生菌。你可以通过食用特定种类的膳食纤维达到目的，这就是它们被称为益生元的原因。可溶性纤维素正是你需要的，它存在于根类蔬菜、燕麦、大米、香蕉、木瓜、洋葱和大蒜中。逐渐增加摄入量，避免腹胀和痛性痉挛。不要跳过这一步！

就像我之前说的那样，我对肠道微生物组的态度始终是食物优先。所以，要尽量在饮食中添加一些富含益生菌的食物，泡菜、酸奶、酸奶酒、德国酸菜和康普茶[1]等发酵食品就是很好的选择。

也有正向的研究表明，服用益生菌补充剂能改善肤质。例如，补充益生菌植物乳杆菌(LP)可以减少紫外线照射后胶原蛋白的分解。

另一种含有短双歧杆菌的益生菌有助于提高角质细胞的角蛋白

---

1 | 康普茶（kombucha），一种新兴红茶酵母茶饮，使用醋酸菌和酵母菌共生发酵生成的红茶菌来发酵茶水，从而产生天然益生菌。

含量。角质细胞是搭建表皮的"砖块"。

最后，还有研究表明，每天服用鼠李糖乳杆菌[1]，持续12周，可以降低皮肤中类胰岛素一号生长因子（IGF-1）[2]的含量，这是一种炎症化学物质，会推动过量皮脂生成和毛孔堵塞，引发痤疮。

但要记住，益生菌就像肠道的游客——它们的作用是短暂的。服用益生菌更多的目的是调整菌群环境，以便体内的有益菌能够茁壮成长。如果你真的想服用益生菌，就必须按照菌落形成单位（CFU）的标准测量。找到一种每剂量至少含有200亿菌落形成单位的益生菌和其他混合菌株，这样，你就再次增加了肠道微生物的多样性。

虽然现在还处于早期阶段，但有研究正在关注生活在皮肤表面的细菌混合物——皮肤微生物组——如何随着肠道微生物组的变化而变化。我将在第4章阐述更多关于局部益生菌护肤品的内容。

•**修复（Repair）肠道内壁**。这将优化营养吸收，支持你的免疫系统。还有一个非常有趣的研究领域，那就是研究健康的肠道内壁和健康的皮肤屏障之间的联系。

我之前说过，肠道内壁和皮肤有许多相似之处，比如它们都有阻挡毒素的功能。肠道的屏障细胞就是为此设计的，但屏障会被破坏，原因可能是营养缺乏（例如缺锌或维生素A）、肠道微生物组不良、食物不耐受或过敏、压力过大、吃过多糖、饮酒或服用某些药物。

当这种情况发生时，发炎的肠道内壁会让一些通常会被阻挡的物质进入血液，从而使免疫系统对这些异物发起攻击，引起炎症。这种屏障功能障碍与全身炎症、许多自身免疫性疾病和湿疹等皮肤病有关。

---

1 | 鼠李糖乳杆菌（lactobacillus rhamnosus）多存在于人和动物的肠道内，可调节肠道菌群，提升机体免疫力，预防和治疗腹泻。
2 | 也被称为"促生长因子"，是一种在分子结构上与胰岛素类似的多肽蛋白物质。其在婴儿的生长和在成人体内持续进行合成代谢作用上具有重要意义。

如果你怀疑自己可能有这种问题，那么第一步是查看上面列出的所有诱因。你也可以吃富含微量元素的食物，帮助修复肠道内壁。肉汤是胶原蛋白的极佳来源。胶原蛋白是肠道内壁和真皮层的重要蛋白质，它以两种方式支持皮肤。蔬菜沙拉富含维生素 C，对胶原蛋白的合成起到重要的作用。浆果含有被认为能抑制胶原蛋白分解酶的物质。而且一定要吃足够多的富锌食物，如豆类、坚果、海鲜和乳制品，以及含有 L- 谷氨酰胺（L-glutamine）的食物。L- 谷氨酰胺是一种氨基酸，为内膜细胞提供营养，含有 L- 谷氨酰胺的食物有蛋类、鱼和家禽。

此外，别再吃零食了！两餐之间感到饥饿是很正常的。我们每次吃东西，都会触发肠道内的炎症反应。理想的情况是，我们应该一天只吃 3 餐，然后让消化系统在夜间休息 12 个小时。但许多人白天和晚上都零食不断，这就加剧了炎症。

● **重新平衡（Rebalance）**。这一步是通过降低压力水平来让肠道微生物组重获平衡。肠道神经系统被称为"第二大脑"，因为它通过丰富的神经网络与中枢神经系统相连，两者之间保持持续的反馈。压力会改变肠道微生物组的组成，减少其多样性。你可以用我在本章前半部分提到的所有方法来应对压力，包括深度睡眠和定期锻炼。

◆ **便秘**

你可以通过粪便排出体内的废物和毒素，如果你便秘，可能会导致皮肤变黄、长斑或长皮疹，还有可能会让你的汗味变重，或者会让脸上长皱纹、皮肤变松弛，因为毒素在血液里循环时会破坏胶原蛋白和弹性蛋白纤维。

那么，如何判断便秘的情况得到了缓解呢？肠道蠕动的最终目的是每天排出光滑、成形、棕褐色的大便。如果你没有做到，那就问问自己：运动达标了吗？（运动有助于食物在肠道内蠕动。）喝够水了吗？吃大量的水果、蔬菜和其他植物性食物了吗？尤其是，摄入足量的可溶性膳食纤维了吗？富含可溶性膳食纤维的食物包括燕麦、燕麦麸、米糠、牛油果、苹果、豌豆等（详见上文）。

如果你需要额外补充膳食纤维，帮助食物在肠道内蠕动，可以试试浸泡过的亚麻籽或鼠尾草籽。将1—2茶匙亚麻籽浸泡在半品脱[1]常温水中过夜，早上喝完后再喝半品脱水，隔30分钟再吃早餐。鼠尾草籽最好浸泡20分钟（1杯水中倒入2汤匙），然后倒入冰沙、酸奶或粥中。如果吃了这些还不起作用，那就试试亚麻籽皮纤维补充剂，但同时要大量饮水。

玫瑰痤疮爆发的源头在肠道吗？

今后，我们有可能会由内到外地治疗玫瑰痤疮。有一种情况叫作SIBO，意思是小肠细菌过度生长，生物群系的细菌企图在错误的地方——也就是小肠和大肠——繁殖。众所周知，SIBO在玫瑰痤疮和粉刺患者中更为常见，治疗SIBO对他们的病情有显著影响。一项研究表明，使用抗生素利福昔明（可减少小肠内的细菌）进行为期10天的疗程，28名患者中有20名完全或几乎根除了玫瑰痤疮，另有6名患者病情明显好转。治疗效果持续了至少9个月，但还需要持续的治疗。抗生素也有替代品，比如牛至油和黄连素，具体可咨询功能医学专业人士。

吃出美丽

了解营养物质的吸收情况后，你应该多摄入哪些食物呢？这与

---

1 | 在英制单位中，1品脱（pint）约等于568.26毫升。

限制性的饮食计划无关,因为这些计划通常会给我们带来不想要的压力,让我们无功而返。我的建议正好相反,你可以用自己喜欢的方式将有益皮肤的食物和有意服用的补充剂纳入饮食中。

◆ 我的超级护肤饮食计划

改变饮食最大的收获是吃更多美味营养的食物,这些食物的成分对皮肤非常友好,还可以滋养肠道微生物组,进而让皮肤焕发光彩。以下是对皮肤有益的饮食指南。

*每天摄入彩色果蔬

多样化的植物性饮食富含有益的膳食纤维和植物化学物质,如多酚和其他抗氧化剂,为皮肤和肠道以及整体健康提供营养。这就是为什么水果和蔬菜是保护皮肤免受环境伤害、抵抗衰老的灵丹妙药。吃果蔬可以降低炎症水平,改善血糖,并为肠道微生物组提供营养。富含膳食纤维和植物化学物质的主要食物有绿茶、苹果、樱桃、浆果、红葡萄、红洋葱、菠菜和坚果,还有黑巧克力和(适量)红酒。

我之所以说要吃彩色果蔬,是因为给这些果蔬"上色"的化学物质好处多多。

● 红色:覆盆子和石榴含有的鞣花酸是一种多酚,可以阻止基质金属蛋白酶的释放,这种酶会在紫外线照射皮肤时分解胶原蛋白。

● 橙色:杏、木瓜(和西红柿)中的番茄红素可以减轻紫外线引起的皮肤发红症状。胡萝卜和哈密瓜中的类胡萝卜素具有抗癌、抗炎和增强免疫力的功效,还能阻止油性皮肤过量分泌皮脂。

● 黄色:柠檬和菠萝含有菠萝蛋白酶,具有抗炎作用。

● 绿色:豆瓣菜可以增强天然的紫外线防护功能。西兰花、花椰菜等十字花科蔬菜是解毒剂,对调节激素尤为重要。

●紫色：蓝莓具有光保护作用，可以阻止某一种酶在阳光下分解胶原蛋白。

这些食物竟然对皮肤有益

黑巧克力和咖啡也是多酚的重要来源。这两种食物都有缺点，但我认为适量食用利大于弊。巧克力的问题在于糖，而不是可可。可可豆是维生素 A 的最佳膳食来源之一。

咖啡因是一种抗炎剂，也有抗癌作用。它能增强运动耐力，提升情绪，帮助厘清思路。它还能收缩静脉，防止脸上出现红血丝。也就是说，如果你有玫瑰痤疮，不适合喝热饮，那就去喝冰咖啡吧。

咖啡的坏处是容易让人上瘾，也容易让人失眠，还会导致脱水，所以在欧洲咖啡总是搭配一杯水出售。但是，经常搭配咖啡的糖和饼干真的不建议吃（详见第 74 页）。

有客户问我喝红酒是不是也可以护肤，非常抱歉，并不是。人们对此有误解是因为红酒里含有白藜芦醇，这是一种从葡萄中提取的多酚，用作补充剂，也用于护肤品。喝红酒喝出好处的可能性不大，而且我担心酒精的副作用产生的影响会更大。

*摄入优质脂肪

正如前面提到的，你需要摄入脂肪来吸收维生素 A、维生素 D、维生素 E 和维生素 K，这些维生素对健康的皮肤和全身其他多种重要功能都很重要。所以，20 世纪 80 年代和 90 年代的低脂肪饮食完全就是无稽之谈——现在看来仍是。多食用（特级初榨）橄榄油！研究表明，食用橄榄油确实能减肥，还能降低体脂和血压。也就是说，有些脂肪确实更加优质……

●多吃单不饱和脂肪（MUFAs），因为它们具有抗炎作用。特级初榨橄榄油（EVOO）、牛油果、坚果和种子类食物都是很好的来源。

●均衡摄入多不饱和脂肪（PUFAs）。这类脂肪有两种，包括欧米伽-3多不饱和脂肪酸（EPA、DHA和ALA）和欧米伽-6多不饱和脂肪酸（如亚油酸）。你的身体在饮食中需要这两种脂肪，因为身体无法自己制造它们。但身体需要的这两种脂肪是有特定比例的。英国的指导方针指出5∶1是理想的配比，但有些营养学家认为这个比例应该是2∶1。欧米伽-3尤其存在于油性鱼类、亚麻籽和核桃中。欧米伽-6则存在于生坚果和种子类食物中，尤其是葵花、南瓜、芡欧鼠尾草、芝麻和大麻及其冷榨油，也存在于谷物和精炼植物油中。

问题是，我们大多数人都没有摄入足量的欧米伽-3，所以我们体内这两种脂肪的比例是不合格的。该比例还是身体炎症程度的重

要指标，例如，痤疮患者的欧米伽-6含量通常比欧米伽-3高得多。

你可以在家里做皮肤点刺实验，来找出自己体内两种脂肪的比例。最初的减少欧米伽-6多不饱和脂肪酸（加工食品中含量高）摄入及服用欧米伽-3补充剂的做法会让每个人从中受益。

●偶尔吃饱和脂肪（SFAs）。长久以来，人们一直认为黄油、乳制品和肉类中的脂肪对人体有害，但这种情况正在发生改变。

虽然过量食用饱和脂肪是不健康的，但黄油和酥油等饱和脂肪食物适合高温烹饪，因为它们不会燃烧。椰子油也富含饱和脂肪，似乎比动物脂肪更适合烹饪。

●不要吃反式脂肪（TFAs）。这种人造脂肪最初是液体油，但现在已经被加工成固体。它被食品工业用于延长保质期、保持质地，但现在已经不太常用了。反式脂肪与不必要的体重增加、炎症以及患几种慢性病和某些癌症的风险增加有关。怎么辨别这类食品呢？看一看食品标签上有没有标注"氢化"或"部分氢化"等字眼。

*摄入碳水化合物

全谷物是抗氧化剂、提供能量的B族维生素和抗压力的矿物质镁的绝佳来源。选择全谷物食品，如燕麦、黑全麦和小米，而不要选择白面包等高血糖指数的白色碳水化合物。选择红薯、胡萝卜、防风草和其他根类蔬菜，而不要选择加工过的薯片和薯条。

*摄入香辛料

拉开香料抽屉叫出香辛料的名字，你会发现香辛料含有对皮肤有利的植物化学物质。例如，辣椒含有一种阻止胶原蛋白分解的物质，肉桂富含抗氧化剂，而大蒜能抑制促炎酶。欧芹既含有抗炎成分，又含有抗氧化剂。最好的香料可能是姜黄根粉，它的抗炎能力是首屈一指的。

◆ **我个人推崇的 10 大护肤食品**

1. 特级初榨橄榄油：抗炎，有利于增强皮肤屏障。

2. 浆果：富含支持皮肤的植物化学物质——抗氧化剂和抗炎物质。

3. 牛油果：富含有益脂肪，主要是单不饱和脂肪以及维生素 C 和维生素 E。

4. 巴西坚果：富含单不饱和脂肪和硒（抗氧化矿物质）。

5. 鼠尾草籽：富含膳食纤维、蛋白质和欧米伽 –3，以及修复皮肤所需的锌。

6. 石榴：富含抗氧化剂。含有鞣花酸，可减少紫外线引起的色素沉着。

7. 红薯：富含类胡萝卜素，可以帮助皮肤抵抗紫外线的伤害。

8. 豆瓣菜：十字花科植物，是很好的排毒蔬菜。

9. 三文鱼：富含欧米伽 –3，这是一种人体必需的脂肪。

10. 黑巧克力：富含对皮肤和肠道有益的多酚。

◆ **禁忌食品**

*糖

我们都受到了食品工业的生物入侵，导致我们的味蕾习惯了越来越甜的食物。例如，森斯伯瑞百货公司（Sainsbury's）售卖的牛奶巧克力棒的含糖量从 1992 年的 22% 上升到了 2019 年的 54%，吉百利的牛奶巧克力的含糖量从 32% 跃升至 55%。目前英国成年人每天饮食中的含糖量为人均 14 茶匙，远远高于人体的需求。

这些糖如何影响我们的皮肤呢？糖化，俗称"糖下垂"，指的是皮肤内部的焦糖化，是衰老的基本机制之一。在这个自然过程中，血液中的糖会附着在蛋白质和脂肪上，形成有害的新分子，称作"晚期糖基化终末产物"（advanced glycation end products），简称 AGEs。

这些物质一旦堆积，就会引发肾脏疾病、肺病（COPD[1]）以及更为近在眼前的皮肤老化。这些损伤有累积的过程，是不可逆的——会使皮肤变得不那么紧致，变得更硬，更没有弹性。

晚期糖基化终末产物的生产过程与饮食中的糖摄入量直接相关，因此，糖尿病患者皮肤衰老的问题异常严重，未检测到的高血糖水平可能会导致多年的早衰。在阳光下暴晒也会产生晚期糖基化终末产物。

怎么办？

●控制糖摄入量！大幅减少饮食中的糖分，持续 4 个月，就可以减少 25% 的糖化胶原蛋白的形成。我保证，只要一个星期，你的味蕾就会适应。你可以少吃明显含糖的食物，改吃其他健康食品。格兰诺拉麦片[2]可以换成麦片粥，甜爆米花可以换成原味的，冰激凌可以换成搅碎的冷冻香蕉，果汁可以换成牛奶或茶，热巧克力可以换成可可，水果酸奶可以换成加了水果丁的原味酸奶。

●烧烤、烘烤、油炸，尤其是户外烧烤会使食物焦糖化，从而产生晚期糖基化终末产物。所以，食物尽量用水煮或者隔水蒸。

●烹饪时加入肉桂、丁香和牛至等香料，可阻止晚期糖基化终末产物的形成。

*酒精

酒精会导致并加剧皮肤老化的 5 大问题，所以最好的办法是将酒精的摄入量控制在最低水平。也就是说，最起码要遵守英国首席医疗官提出的"每周饮酒量 14 个酒精单位"[3]的指导方针，这 14 个

---

1 | 即慢性阻塞性肺疾病（chronic obstructive pulmonary disease）。这是一种具有气流阻塞特征的常见慢性疾病，可进一步发展为肺心病和呼吸衰竭。

2 | 一种用烘烤过的谷类、坚果等配制成的早餐食品。

3 | 1 个酒精单位为 10 毫升（或 8 克）纯酒精。英国卫生部门 2016 年发布的《饮酒指南》明确提出，无论男性还是女性，一周的饮酒量不宜超过 14 个酒精单位。

单位至少平均分配在 3 天饮用。我想说的是，晚上要喝酒，只喝一小杯或两小杯葡萄酒。并且，至少连续两天不喝酒，能做到连续 3 天不喝酒当然更好。

你不信吗？酒精会导致我们严重缺水，这当然会影响皮肤的水合程度。酒精含糖量高，很容易引起糖化。饮酒还会减少胶原蛋白的生成，削弱抗氧化防御系统。此外，它还会直接提高皮质醇和雌激素水平（你确实需要雌激素，但太多就不好了——参见第 82 页），并降低皮肤更新所需的生长激素水平。

最后，过量饮酒会破坏面部脂肪，造成面部血管扩张，从而导致面容憔悴、皮肤发红。

◆如何利用饮食解决皮肤衰老 5 大问题

为了让上述一般性建议更适合你的需求，请阅读以下针对 5 大衰老问题提出的营养学方面的建议。可以先尝试一两条听上去比较适合你生活方式的建议，你没有必要一次性做完所有的事情！

*皮肤暗沉干燥

为了加速缓慢的细胞更新，可以多吃植物多酚，上调细胞更新基因数量（见第 70 页"每天摄入彩色果蔬"）。为了强化皮肤屏障，要增加多不饱和脂肪酸的摄入量，以增加皮肤的脂质基质。花钱买欧米伽 -3 补充剂也许还是物有所值的。欧米伽 -3 存在于鱼油中，也存在于素食补充剂中 [纽客（Nuique）是个不错的牌子]。

欧米伽 -6 脂肪酸 γ - 亚麻酸也有助于防止皮肤水分蒸发，你可以在月见草油和琉璃苣籽油补充剂中找到它。（不要只服用欧米伽 -6 而不服用欧米伽 -3，原因参见第 72 页。）

你还可以试试 L- 组氨酸补充剂，它可以促进丝聚蛋白的生成，丝聚蛋白是皮肤屏障的重要组成部分。它被证明在治疗异位性皮炎方面与类固醇具有相同的功效。

*红血丝、敏感肌肤

如上所述，针对脆弱的皮肤屏障，请遵循以下建议：特别是要吃彩色果蔬，同时补充欧米伽-3；另外，多吃低血糖指数食物；一般来说，不吃含糖的食物，不吃加工过的食物，也不吃白色碳水化合物；还要多吃富含维生素 D 的食物（油性鱼、蘑菇、蛋黄）和富含维生素 A 的食物（蛋类、动物肝脏）。

不要食用环境中有毒金属（砷、铅、汞）含量高的食物，如金枪鱼和剑鱼，以及含有人工添加剂和反式脂肪的食物。尝试戒掉可能引起炎症反应的食物，这些食物有可能是红肉、乳制品，也可能是茄属植物，如辣椒和茄子。请参阅第 66 页，了解我所说的排除饮食法。不过，如果你打算戒掉一种食物，还是先听听营养师的建议再做决定吧。

*色素沉着

增加维生素 C 的摄入量，也可以吃石榴或喝石榴汁——石榴含有鞣花酸，可以抑制黑色素的生成。此外，含有抗氧化剂碧萝芷（pycnogenol，松树皮的提取物）的补充剂已经被证明可以治疗黄褐斑。

*皱纹

吃富含类胡萝卜素的蔬菜，比如含有叶黄素的菠菜，可以增强抵御紫外线的天然屏障。事实上，多吃各种多酚对皮肤大有好处（更多食物来源参见第 70 页）。研究表明，可可和绿茶都能减少或抵抗基质金属蛋白酶的影响，这是一种分解胶原蛋白和弹性蛋白的酶。

*皮肤松弛

不吃含糖和高血糖指数的食物。糖化过程会使得胶原纤维变硬，也使得胶原纤维极其难以修复或更替。随着年龄的增长，脂肪和骨质流失会造成更严重的皮肤松弛，尤其是脸的下半部分。绝经后骨质流失会加速，因此，请参阅第81页有关激素的建议。

◆哪些补充剂对皮肤最好？

在理想情况下，我们可以从食物中获取所有的营养，但这在当今几乎是不可能做到的，原因有二。

首先，我们过着快节奏的生活，不可能每天都有时间做饭，也不可能每天都有时间寻找最好的香辛料。此外，我们对食物的选择也可能在削减营养来源。我们不怎么吃动物肝脏，而动物肝脏是锌、维生素 A 和硒的极佳来源。如果不仔细规划饮食，吃素的人可能会缺钙、铁和维生素 B_{12}。遗憾的是，英国全国饮食和营养调查（The National Diet and Nutrition Survey）证实，我们大多数人并没有每天吃 5 种水果和蔬菜，也没有吃足量的油性鱼，当然也没有每周都吃 30 种不同的植物性食物，而这些正是我们应该吃的。

其次，我们的食物不像过去那样营养和丰富了。这主要是由于耕作方式改变了土壤质量，也有许多水果和蔬菜被改良后削弱了苦味，而必要的抗氧化剂正是这些食物苦味的来源。

于是，各种各样的补充剂出现了。

"一刀切"的饮食是不存在的，我们每个人都有自己的生化需求。你在补充剂药瓶上看到的推荐日摄入量针对的是预防典型的营养缺乏病（如缺乏维生素 D 和维生素 C 引起的佝偻病和坏血病），而这个摄入量实在太少了，无法保证身体达到最佳的健康状态。

现在有些测试可以识别出大量的基因变异，这些变异表明，你可能需要摄入比其他人更高剂量的维生素和矿物质，才能让身体功能良好地运作。与我们诊所合作的精准营养方面的权威测试机构 HumanPeople 不仅能检测基因变异，还能通过检测血液和肠道微生物组来收集额外的数据。通过采取这种兼顾整体与个体的方法，提供优质补充剂的精准组合，已被证明能帮助身体达到最佳的健康状态。每个月，他们都会发一盒为你量身定制的每日补品包，每 3 个月进行一次审核（在家测试）。

不过，有些补充剂可能对每个人的皮肤都有好处。以下是我最喜欢的 7 种补充剂：

1. 欧米伽 -3。你得找 DHA/EPA 含量超过 700 毫克的混合剂，可以试试米纳米牌营养补充剂。在一项 3000 人参与的研究中，饮食中欧米伽 -3 含量较高的人因日晒导致的衰老率较低。

2. 维生素 D_3 加维生素 K_2。每天摄入 2000—4000 单位，冬天可增加剂量，因为冬天我们最容易缺乏这两种维生素。为了最大化吸收，可以服用含维生素 K_2 的补充剂，如果你是素食主义者，再加上钙。如果你有需求，全科医生会给你测试维生素 D 水平，你也可以花大概 36 英镑自己测试。

3. 维生素 C。每天服用 1000 毫克。维生素 C 不仅是一种有效的抗氧化剂，还能保护皮肤免受紫外线的伤害。它是成纤维细胞制造胶原蛋白的必需物质，对胆固醇和神经酰胺的产生也至关重要，有助于形成强大的皮肤屏障。与维生素 E 一起服用对皮肤的效果最好。

4. 镁。每天服用 200 毫克甘氨酸镁。它可以改善皮肤屏障功能，提升皮肤水合能力，减轻皮肤粗糙和炎症。它也有助于缓解压力，提高睡眠质量。如果你有睡眠问题，可以试着连续两周每天服用两次以上甘氨酸镁，看看是否有帮助。

5. 锌。每天服用 15 毫克。据世界卫生组织估算，全球有 30% 的人口缺锌。轻度缺锌会导致皮肤粗糙、脱水、伤口难愈合。

6. 有益肠道健康的益生菌（如第 66 页所述服用）。你要找的是每剂至少含有 200 亿菌落形成单位和多种菌株的益生菌。

7. 虾青素。每天服用 7 毫克。这是一种类胡萝卜素，能使鲑鱼、鳟鱼和对虾的外观呈粉红色。它是一种很好的抗氧化剂和抗炎剂，能帮助胶原蛋白修复，并阻止其分解。

胶原蛋白补充剂：值得大肆宣传吗？

胶原蛋白补充剂目前非常流行，尤其是在美妆博主的圈子里。其理念是，如果你服用胶原蛋白补充剂，胶原蛋白的组成部分会涌入整个系统，让身体误以为它需要修复和再生。但目前还没有相关数据支持这一结论。你摄入的胶原蛋白是否会导致皮肤中出现更多的胶原蛋白，我还不能 100% 确定。所以，胶原蛋白补充剂也许值得服用，但不要把所有的希望都寄托在这上面，也不要为了买它而让自己经济窘迫。把钱花在上文提到的那几种补充剂上，可能效果会更好。

◆ 痤疮与饮食

研究表明，饮食和痤疮之间有明确的关联，但可能不是你想的那样。人们认为，巧克力是长痤疮的罪魁祸首。其实，所有高血糖指数食物，包括含糖食物，还有白面包、白米饭和土豆，都可能加重痤疮。吃乳制品和长痤疮之间也有微弱的联系，但我还是建议你去找营养师确定忌口的食物。

干杯！

我说的是绿茶……绿茶有很强的水合作用，富含多酚，具有抗氧化性和抗致癌性，还含有大量的维生素 C 和维生素 E。我每天喝 3 杯绿茶，有时喝热的，有时喝冷的，再加一点柠檬，促进抗氧化剂的吸收。

∫ 激素

激素的作用不只是体现在性和生育能力方面。激素是身体的小信使，控制着泌尿、呼吸、消化和肌肉等身体所有系统。激素支配和调节着我们的许多感受，比如疲倦、炎热、饥饿，当然还有性欲。

激素由甲状腺、肾上腺、垂体以及卵巢或睾丸等腺体产生，并通过血液循环，在组织和器官的结构和功能上留下印记。激素失去平衡时通常是人们倍感压力的时期，或者处于特定的人生阶段（青春期、更年期、老年期），可能会引发一连串的问题，比如感染、性欲过盛、不孕、疾病，以及我们将讨论的皮肤问题和过早衰老。

激素越失衡，衰老的速度就越快。好在激素并没有脱离我们的控制。虽然激素问题很复杂，但你可以通过改变生活方式来控制自己的激素。

皮肤的重要激素

所有激素都在我们的身体里扮演着重要的角色，所以你不能说它们是好是坏，是英雄还是恶棍。但有些激素确实会影响你衰老的速度。这些激素包括皮质醇，我在阐述压力（见第 42 页）时做过介绍。众所周知，持续高水平的皮质醇会加剧 5 种与年龄相关的皮肤问题，特别是弹性蛋白和胶原蛋白的减少以及皮肤屏障层中脂质的生成，这会导致皮肤变薄、变弱、缺水。

在这一节中，我将介绍其他重要激素对皮肤和健康的影响，包括雌激素、脱氢表雄甾酮（DHEA）、生长激素和甲状腺激素。我还将告诉你能让这些激素达到平衡的做法，让你感受并看到变化。下面我会详细阐述如何让激素为你工作。

◆糖激素：胰岛素

胰岛素的作用是降低血糖水平，如果我们的含糖饮食导致胰岛素水平达到峰值并保持高位，问题就来了。过多的胰岛素会进一步降低生长激素（见第 85 页）的活性，因为它们都在争夺相同的受体。

当身体停止对胰岛素的反应时，持续的高糖水平也会导致胰岛素抵抗。胰岛素的分泌还会随着年龄的增长而自然下降。这两种情况的结果都是血液中的血糖水平升高。正如我在前文解释的那样，随着血糖水平的升高，你的皮肤就会开始在一个叫作糖化的过程中焦糖化，变得又薄又硬，我把这种情况叫作"糖下垂"（见第 74 页）。

为了保持体内胰岛素的健康水平，要尽量少吃糖和高血糖指数食物，这些食物会导致血糖水平快速上升。确保睡眠充足，养成定期锻炼的习惯（见第 55 页），这也有助于控制胰岛素。

◆让你拥有好气色的激素：雌激素

对女性来说，雌激素是最重要的激素，它能让你看起来气色不错，而且保持心情愉悦。它在皮肤健康方面扮演着重要的角色，可以增强皮肤的屏障功能，促进胶原蛋白的合成，保证皮肤水润，增加皮肤厚度。雌激素还能促进伤口愈合。当雌激素水平较高时，比如在怀孕期间，还可以减轻银屑病的症状。

雌激素主要由卵巢分泌，少量由肾上腺和脂肪细胞分泌。还有一个重要事实：像所有激素一样，雌激素的分泌讲究的是平衡，分泌太多或太少都不是好事，都会引发炎症反应。

*分泌太多：雌激素占优势

这意味着，相对于另一种主要的女性激素黄体酮而言，雌激素分泌过多，而黄体酮是皮肤紧致有弹性的"秘密武器"。雌激素占优势表现为各种各样的症状，比如月经量大、痛经、月经不调、乳房胀痛、疲劳、抑郁和焦虑等。雌激素分泌过多通常是经前综合征（PMS）、子宫肌瘤和子宫内膜异位的一个诱因。

肥胖会加重这种情况，因为脂肪细胞也会分泌雌激素。另一个诱因是仿雌激素的影响。它们是雌激素的"模仿者"，或者是来自饮食和环境的"肮脏"雌激素。它们捆住并阻断雌激素受体，提高循环雌激素的水平。仿雌激素来自杀虫剂、废气、双酚 A（一种塑料添加剂）、香烟烟雾、烤肉、牛奶、水和化妆品。我们每天都在接触这些东西！

当身体的排毒系统过度分解所有过量的雌激素时，有害的雌激素分解产物就会堆积起来。要清除这些有毒物质，可以每天吃十字花科蔬菜，如花椰菜、卷心菜、羽衣甘蓝和抱子甘蓝。

*分泌太少：围绝经期[1]和绝经期

从 30 多岁开始，雌激素分泌开始变得不稳定，高潮期与低潮期交替出现。雌激素失衡的情况可能在你去医院验血确认之前就持续很长时间了。

不过，绝大多数女性真正留意到雌激素下降是在 45—50 岁的时

---

1 | 围绝经期（perimenopause）指妇女绝经前后的一段时期（从 45 岁左右开始至停经后 12 个月内的时期）。

候。这个时期被称为围绝经期，因为只有在一整年都没有月经来潮后才会被认定为正式绝经。

身体的几乎所有组织都有雌激素受体，因此，雌激素波动或分泌水平低的症状也很多，比如潮热、脑雾、性欲低下、疲劳、阴道干涩和情绪多变，以及月经不调。在皮肤方面，低雌激素表现为皮肤干燥，饱满度和光泽感都急剧下滑。

面部衰老的迹象与缺乏雌激素的时间段有关，与年龄无关。绝经后的头 5 年里，胶原蛋白水平会下降 30%。有些女性选择接受激素替代治疗（HRT），最常见的是注射雌激素和黄体酮。经证实，接受激素替代治疗 12 个月可以改善表皮水合作用，增加真皮的厚度和弹性，改善胶原蛋白的质量和皮肤血液供应，从而减少皱纹。

我见过激素替代治疗对皮肤衰老以及其他更年期症状的改善作用，但我无权建议你是否接受。你可以自己做决定。我想说的是，激素替代治疗对心理、身体和皮肤都有好处，值得认真考虑。你至少要请全科医生或妇科医生帮忙仔细研究一下，然后再做出明智的决定。

研究表明，高压力会加剧更年期症状。运动、睡眠和减少饮酒是关键，吃前文推荐的食物也很重要。你还可以尝试吃些富含植物雌激素的食物，帮助平衡雌激素。这些食物包括大豆、亚麻籽和亚麻豆、鹰嘴豆、紫花苜蓿、花生和红三叶剂等补充剂。这些食物将有助于缓解由雌激素水平下降引起的皮肤老化，也有助于缓解其他更年期症状（如果你患有与激素相关的癌症，请不要过量食用）。

◆脱氢表雄甾酮（DHEA）

DHEA 是"激素之母"，由肾上腺分泌并转化为雌激素和睾酮。35 岁后，DHEA 水平会开始下降。压力往往会让情况变得更糟：如果你经常感觉到有压力,你会要求肾上腺分泌应激激素,而不是其他激素。

当雌激素在围绝经期开始减少分泌时,DHEA 就变得更加重要。有些医生会建议你服用 DHEA 补充剂。我想说的是,请务必谨慎,一定要在医生的监督下服用,因为 DHEA 会提高所有的激素水平,包括皮质醇水平。

再说一说肾上腺疲劳。这是长期处于精神压力、情绪压力或身体压力下导致的结果。如果肾上腺不断分泌皮质醇以应对压力,最终会导致肾上腺"衰竭"和永久性的低皮质醇状态。虽然这个结果听起来还不错,但你确实需要一些皮质醇。

最严重的情况是,肾上腺疲劳会表现为惊恐发作、体重增加(尤其是胃周围)、性欲减退,当皮质醇水平下降时,会出现精力衰竭的症状。从长远来看,解决肾上腺疲劳的办法是多休息、睡好觉、适量运动和缓解压力。红景天补充剂效果不错,但如果你觉得疲劳,并为此担心的话,不妨找全科医生或功能医学医生看看,因为有很多潜在原因都会导致疲劳。

◆ 生长激素

生长激素——HGH 和 IGF-1——与生长、修复、再生和制造新细胞有关,它们可以刺激胶原蛋白的合成和细胞的新陈代谢。缺乏生长激素会导致皮肤松弛,所以你肯定想让它们多多益善!

只可惜,生长激素水平从 20 多岁就开始下降了。到 60 多岁时,生长激素的分泌量比十几岁时减少了 80%。睡眠是导致生长激素下降的一个关键因素——我们大多数人在 30 岁之前只有在深度睡眠时才会分泌生长激素。健康生活方式的其他元素也很重要,尤其是低糖和低升糖指数饮食。提到运动,如果你能做到的话,不妨试试高强度间歇训练，当然还有力量训练。吸烟对生长激素尤其有害，所以如果你吸烟，那就戒掉吧。而性是极其美好的，自慰也是。

◆ 甲状腺激素

甲状腺激素由颈部前面的腺体分泌，参与调节几乎所有的身体器官。它们可以刺激细胞的不同代谢功能，帮助我们长出毛发，给我们能量，调节我们的体温和体重，平衡我们的血糖，给我们的皮肤补水等。

压力造成的高皮质醇会降低甲状腺激素水平。甲状腺激素水平低（被称为甲状腺功能减退）会导致皮肤干燥、变薄、长出眼袋，以及体液潴留（fluid retention）[1] 引起的全身浮肿。甲状腺激素水平高则表现为皮肤瘙痒、面部潮红和头发稀疏。如果你有什么问题，请联系全科医生检查。

如何重新平衡激素

本章前面压力部分（见第 42 页）的所有建议对激素和皮肤都有好处，但如果你想寻求一些有关激素平衡的建议，还需要考虑以下几点具体内容：

1. 减少饮食和环境中的毒素。特别是吸烟会对甲状腺产生负面影响，摄入仿雌激素也是一样（详见第 83 页）。

2. 促进激素排毒。十字花科蔬菜含有能与雌激素代谢物以及其他毒素结合的物质，因此可以帮你排出毒素。其有效成分是一种叫作二吲哚甲烷（DIM）的提取物，也可以作为补充剂。其他可以吃的食物有：洋葱、大蒜、姜黄根粉、香草和牛油果。另一种解毒补充剂是 N- 乙酰半胱氨

---

1 | 多脏器衰竭和急性心肌梗死等疾病的临床表现。

酸（NAC），可以保护肝脏——每天服用 400—800 毫克。

3. 每天摄入高质量的蛋白质，这对构建激素代谢所需的酶和转运蛋白不可或缺。野生鱼类、家禽、蛋类、豌豆蛋白粉和少量瘦肉也会提供维生素 B_6 和维生素 B_{12}，这对激素排毒系统很重要。

4. 性生活。做爱在很多层面上都可以抗衰老。光是爱抚就能带来很多好处，它可以释放出大量有助于缓解压力的激素，比如 β-内啡肽；催乳素，一种天然的麻醉剂，它能让人们在性交后发出"啊"的声音；还有催产素，它能让人们产生情感。这 3 种物质都会在性高潮时释放，给我们带来快感和性爱后的睡眠，这正是我们的身体渴望的深度睡眠。做爱时，血液会流向所有器官，包括皮肤。汗液含有软化皮肤的油脂，这也是性交后会愉快回味的原因。不一定非得是性行为——自慰、拥抱和亲吻也是有好处的，可以促进血液循环，增强免疫力，降低患心脏病的风险。如果没有性生活，你仍然可以通过与朋友、家人或孩子拥抱来释放催产素。

∫ 环境

你所生活的环境会影响你的皮肤，这并不是什么新鲜事。我在诊所肯定无数次提到过涂防晒霜的建议（在本书里也提过不止一次！），但我还是听到了很多抵触的声音。时间可以证明，防晒霜确实是改变皮肤的头号功臣。80% 的面部衰老症状都是日晒造成的。众所周知，紫外线损伤也是皮肤癌的主要成因。

这也是我把环境放在积极抗老金字塔底座这个重要位置的一个原因。我们必须保护皮肤免受外部攻击。除紫外线外，其他影响皮肤的外界因素还包括吸烟（你大概也知道吸烟有害皮肤，但我还是想强调这一点）和污染，这方面的研究还在不断深入。

紫外线

中波紫外线（UVB）会导致晒伤，在阳光照射时尤其活跃。而长波紫外线（UVA）每天都在攻击你的皮肤，连下雨天也不例外。UVA 能穿透玻璃——包括汽车挡风玻璃和窗户——穿透能力是 UVB 的 40 倍，能深入皮肤，直达真皮层，破坏构成皮肤的胶原蛋白和弹性蛋白纤维，导致不均匀的色素沉着和 DNA 突变。

以下是 UVB 和 UVA 在细胞层面造成的伤害：

●UVB 射线会严重破坏免疫系统——仅仅一次晒伤就可以抑制免疫系统长达两周的时间。它们还会导致 DNA 突变，从而导致皮肤癌。

●UVA 射线会提高皮肤自由基水平，自由基会从多方攻击皮肤结构，比如胶原蛋白和弹性蛋白这类蛋白质、膜脂 [1] 和 DNA。它们还会引起胶原纤维的微撕裂。

好在不管从什么时候开始涂防晒霜都不会太晚。有研究发现，每天涂防晒霜确实可以逆转衰老。

对于深色皮肤，防晒霜的作用仍然不可小觑。肤色的差异归结于黑素细胞（产生黑色素的细胞）内色素的大小和分布情况，所以，对治疗的反应和治疗后的愈合时间会因肤色而不同。但所有肤色都需要防晒。对皮肤有益或有害的成分是全球一致的，与种族或文化无关。

如果我们回顾皮肤衰老 5 大问题，就会发现紫外线给皮肤带来的危害。

●皮肤暗沉干燥：紫外线照射会使表皮增厚，使皮肤变得粗糙，肤色黑中带黄。

---

1 | 膜脂（membrane lipid）是生物膜上的脂类的统称，其性质决定细胞膜的一般性质。

●红血丝或过敏：紫外线会引起严重的炎症反应，而炎症会对许多问题产生连锁反应。例如，80% 的玫瑰痤疮都被认为是紫外线照射所致。

●色素沉着：日晒是引起色素沉着的头号杀手。年龄越大，越容易出现色素沉着不均的情况。一项研究表明，色素沉着可以使你的面部感知年龄增加 10 岁。

●皱纹：紫外线引起的炎症反应会促使皮肤中胶原蛋白降解酶的生成，引发胶原蛋白的分解。紫外线还会减少新的胶原蛋白的合成。

●皮肤松弛：紫外线照射会导致弹性组织变性，即弹性蛋白的质量和产量下降，从而导致皮肤失去弹性和弹力。

我将在第 4 章详细说明可以使用哪些防晒霜，但最重要的是要避免日晒。尽量坐在阴凉处，尽可能戴上帽子和太阳镜。

◆ 该不该担心蓝光？

蓝光属于可见光光谱。虽然目前的研究还处于早期阶段，但已证明蓝光会产生自由基。所以，最近媒体有不少议论，声称我们日常使用的手机、电脑等电子设备发出的蓝光会导致皮肤老化。但我自己的感受是，我们在可见光照射下接收到的蓝光其实比使用电子设备时接收到的还要多。

虽然氧化铁被吹捧为一种重要的新型护肤成分，可以阻挡蓝光范围内的可见光，但有一款可靠的广谱防晒霜其实就够用了。每次科学界提出一些有趣的概念时，市场营销人员往往都会在研究还很薄弱的时候就开始大肆宣扬。这其实就是营销炒作！

◆防晒霜和维生素 D

你或许听说过维生素 D 对骨骼健康的重要性，其实它对我们身体几乎每个组织的正常功能都有着举足轻重的作用，包括我们的大脑、心脏、肌肉、免疫系统和皮肤。维生素 D 缺乏与多种皮肤病有关，包括粉刺、玫瑰痤疮、银屑病甚至皮肤癌。大多数英国人都缺乏维生素 D。

你或许还知道，正是紫外线对皮肤的作用帮助人体合成维生素 D，所以，它有时也被称为阳光维生素。有些人以此为由反对涂防晒霜，或者赞成每天让皮肤暴晒一段时间。的确，每天涂防晒霜会减少维生素 D 的合成。但考虑到紫外线对皮肤的伤害，我还是建议每天都在脸部涂抹防晒霜。你可以从饮食中摄取一些维生素 D，比如食用油性鱼（三文鱼、鲭鱼、沙丁鱼）、动物肝脏、红肉和蛋黄。但为了获取足够的维生素 D，同时还要保护你这张脸，你可以服用补充剂（详见第 79 页）。

皮肤癌

在英国，每年约有 15400 人被诊断出患有黑色素瘤，而且这个数字还在上升。事实上，英国恶性黑色素瘤的发病率上升得比其他任何常见癌症都要快。自 1997 年以来，55 岁以上患病的人数增加了 155%，55 岁以下的则增加了 63%。

如果你有皮肤癌家族史，你肯定会更容易受到影响，所以绝对要多加小心，避免被紫外线伤害。日光浴床隐藏着巨大的风险，而童年时的晒伤史也是个隐患：日晒越频繁，风险就越大。这意味着我们几乎所有人都需要定期进行色素痣筛查和全身检查。切勿拖延。

吸烟

不用说，任何人都不应该吸烟。如果不重视吸烟对皮肤健康的负面影响，再不戒烟的话，整体健康将会受到严重的影响。

吸烟与鳞状细胞癌（皮肤癌）、银屑病、伤口愈合不良和糖尿病皮肤病变之间联系紧密。吸烟还会导致头发更早变白，造成与激素相关的脱发（雄激素性脱发）。

"烟民脸"一词概括的就是吸烟导致皮肤过早衰老的许多问题：大量皱纹，脸色苍白或潮红，脸部浮肿，面色憔悴。

这些问题是怎么出现的呢？吸烟破坏皮肤的方式多种多样。尼古丁会让你尿液增多，导致皮肤缺水。尼古丁会让你体内的胶原蛋白分解得更快。尼古丁会让你皮肤的维生素 A 水平骤降，流向皮肤的血液减少，供应的营养和氧气也相应减少，有毒废物累积，导致愈合能力减弱。

基因也起到了关键的作用，女性和肤色较浅的人更容易受到影响。但不管你的基因是什么情况，一个烟龄 50 年、每天一包烟的人，脸上的皱纹都会比一个不抽烟的人多出 5 倍。就算每天一包烟的习惯只持续了 8 年，脸上的皱纹也会明显增多。

污染

身处现代社会，我们被各种形式的污染所包围，这些污染来自废气、空调，甚至是地毯上的绒毛。虽然这个领域的研究相对稚嫩，但仍有研究表明，空气中的污染物与面部老化问题——特别是色素沉着和皱纹——之间确实存在关联。有研究表明，痤疮的患病率增加是因为皮脂分泌增多。而其他研究也表明，交通环境中的污染物颗粒会导致前额和脸颊上长出与年龄相关的褐色斑点，还会加剧皱纹和皮肤松弛问题。

◆**是什么机制在起作用?**

污染已被证明会扰乱皮肤微生物组,从而削弱其对有害微生物的防御,并破坏屏障脂质,导致皮肤缺水和暗沉。

污染还会激活炎症通路,增加我在第1章提到的破坏性自由基(第6页),并降低抗氧化剂的水平。

有意思的是,皮肤微生物组的构成似乎能影响污染的负面效应,这就值得我们提出一个问题:改变皮肤微生物组的构成是否有助于防止污染造成的衰老问题?目前来说,如果可以的话,尽量多呼吸新鲜空气,多吃第70页建议食用的富含抗氧化剂的食物。

本章要点回顾 ▼

● 日晒、糖和吸烟一直以来都是皮肤老化的几大禁忌因素,但影响衰老的因素不止这些。

● 真正有效的调整可分为4类:规律饮食和良好的肠道健康、缓解压力、平衡激素、增强环境防御能力。

● 吃多样化的蔬食对肠道生物群系有好处。多吃彩色果蔬。

● 要监控并解决影响肠道健康的不良症状(打嗝、腹痛、胀气、便秘或腹泻)。肠道的问题最终很可能会呈现在皮肤上。

● 不要低估压力的负面影响,它可以抵消饮食的所有好处。

● 良好的生活方式对保持激素平衡大有裨益,但如果这还不起作用,那还是去看医生吧。

● 年岁渐长,最重要的是要有良好的睡眠,定期运动以及与朋友、家人和社区联系。这些都会对由内而外的健康产生巨大的影响。

chapter

4

第 4 章

—

活性护肤

虽然经常有人找我做美容手术，但其实我最想做的还是皮肤护理。没错，人必须现实一点，在解决某些问题时，单靠护肤品，你能做的实在是太有限了。但是，掌握了正确的知识，懂得了正确的配方，养成了稳定的习惯，你确实可以得到难以置信的效果。

第一次给客户护理皮肤时，我对护肤的热情如潮水般涌来，我会急着用我掌握的知识"轰炸"客户。大多数人来找我是为了快速解决问题，所以，如果不选择美容手术，她们会完全不知所措，甚至更沉迷于去美容院疯狂砸钱带来的感官高潮，或者更钟情于只用香皂洗脸。

我的方法要简单得多，那就是一步步来，慢慢改善皮肤的功能，而不仅仅是靠美容短暂地改善皮肤的状态。没错，你会容光焕发，但与此同时，你也要在保养和防护上下功夫。而且大部分步骤你都可以自己在家完成，不需要往诊所跑。

我会在本章列出护肤指南，告诉你从哪里着手培养新习惯。当然，我也会告诉你一些破除神话的方法，帮你识别化妆品公司的炒作和虚假宣传。虽然那些产品在推出时总是令人血脉偾张，但你会发现，正确、持续地使用少量最适合你的活性成分才是最有效的。

我把我的方法称作活性护肤，因为我使用的护肤品含有针对性的生物活性成分，可以改变皮肤的结构和功能。我最喜欢的 3 种成分是维生素 A、维生素 C 和酸性去角质剂，此外还有一系列其他附加护肤成分。

人们经常对活性成分或更高浓度的配方有所顾虑，或者不知道该如何使用。但一旦投入使用，你就能看到效果，比如能镇静皮肤、强健皮肤，甚至防止皮肤老化——以及提升美容效果。认真运用我将要分享的知识和专业技能，你会发现活性护肤真的可以带来改变。

∫ 成功护肤守则

首先，我会解释我倡导的关键护肤守则，并详细介绍这些守则的具体内容以及针对皮肤问题的具体操作。我对每一个问题的处理方法都基于皮肤和皮肤护理的科学知识，并结合了我在诊所应用过的对客户最有效的方法。

效果不会立竿见影——确切地说，大部分活性护肤至少需要 3 个月才会见效，但你会在这之前就看到变化。那么，如果护肤真的对改善皮肤有效，会有哪些判断的依据呢？

妆越化越淡。 别误会，我不排斥化妆。但可以选择不化妆真的太好了，既能享受不用化妆的感觉，又可以在想化妆时就化妆。

不需要抹又厚又黏的保湿霜。 你可能会惊讶地发现自己不需要涂厚厚的保湿霜了。当然，如果你已经到了 30 岁甚至 40 岁的年纪，对保湿霜有需求说明你的皮肤屏障没有处在理想的状态，你需要靠保湿霜来补水。我会帮你让皮肤进入最佳状态，让皮肤更好地锁住水分，防止刺激物侵入。

不必光临医学美容诊所。 再说一次，不要误会，我不是不喜欢肉毒杆菌毒素和填充剂！但是，单靠注射填充剂通常无法给人带来"惊喜"的效果。良好的皮肤状态意味着你不太需要专业的医美，而一旦你选择了医美，你皮肤的状态就会一直不错，甚至可以保持更长时间。就算医美效果减退，你也不会绝望，也不太可能对医美产生依赖——你可能要等到 60 多岁时才会显露出做过医学美容的痕迹。

守则 1：简化护肤步骤

无须复杂的 10 步法就能看到惊人的效果。说到护肤，要遵循"越少越好"的原则。虽然可能需要一段时间才能看到效果，但一旦你的皮肤功能达到最佳状态，你就可以采取 4 步保养法。话虽如此，想要得到理想的肌肤没有灵丹妙药，你需要的是一系列的护肤品，而不仅仅是香皂和水。

也许你喜欢的是多层护理的方法，如果真是这样，而你又有时间并且喜欢在护肤"仪式"上花心思，那么你也可以把我说的超级简单的方法扩展成多层护肤的方法。

无论你现在有什么样的日常习惯，我都会教你如何从每种皮肤都需要的 5 种基础护肤品入手，重塑护肤习惯，这 5 种护肤品指的是防晒霜、洁面乳、维生素 A、酸性去角质剂和抗氧化精华液。在此基础上，如果你需要或想要的话，可以有针对性地添加附加护肤成分。

但是，不要错误地以为基础护肤不需要保养或者不需要投入！不管是 4 步法还是 10 步法，护肤方法要想奏效，都需要投入时间（每天坚持，长期坚持）、投入预算才能看到效果。

虽然我崇尚简单，而且发自内心地不太愿意费心保养，但可惜的是，年纪越大，你要达到目的，需要投入的时间和金钱就越多。不管怎么说，有些护肤品价格不贵，但效果惊人，而有些护肤品虽然价值数百英镑，你却只是在为品牌和营销而不是产品的实际效果买单。我在这一章推荐的护肤品品牌是有科学依据的，而且效果也是我亲眼见证过的。

守则 2：不要伤害皮肤

拒绝快速修复！和生活中的许多事情一样，护肤是一场马拉松，而不是短跑。坚持和耐心会赢得每一次的胜利。

我经常看到的是，人们时常断断续续地寻找炎症的快速治疗方法，为了找到有效的护肤品而不断地进行更换。这会减弱皮肤的愈合能力，削弱皮肤屏障，使其更具渗透性，并最终加速深层胶原蛋白和弹性蛋白的分解。然后，人们又尝试用更多的护肤品来解决这些问题……

这就是为什么你会觉得自己的皮肤"很敏感"。其实我们的皮肤都会敏感，感知、提醒并适应正是皮肤的功能之一。

如果你的皮肤真的过敏，那么可能是因为你使用的护肤品不适合你的皮肤类型，或者是你的皮肤本身出了问题。这两个原因不是一回事。皮肤类型指的是皮肤出油、色素沉着、皱纹、干燥或敏感等特质，这是由你的基因决定的。

要注意的是，肤色不属于皮肤类型的范畴。菲茨帕特里克皮肤分型根据皮肤所含黑色素的数量将皮肤分为 6 种类型（参见第 9 页关于黑色素的解释），然而，深色皮肤中的黑色素水平较高，使其在长斑或受外伤等情况下更容易引发色素沉着；而皮肤屏障层中神经酰胺的浓度较低，会使深色皮肤的水分容易流失，从而导致皮肤变得干燥。

在选择护肤方式时，根据你的皮肤是干性还是油性来判断，比依据菲茨帕特里克皮肤分型更为可靠。护肤品需要改变以适应皮肤状况，也就是皮肤当前的大致状态。从第 3 章我们可以得知，饮食、环境、生活方式、激素都会让你的肤质发生天翻地覆的变化：没有什么是一成不变的！

例如，冬天较低的湿度会使许多人的皮肤容易干燥，而且极端的温度变化（室外寒冷，室内集中供暖）会使那些因为基因而易出现红血丝和过敏的皮肤更容易发红。

在本章的稍后部分，我将进一步解释这种过敏是如何发生的，以及如何打破这个怪圈，使皮肤进入最佳的状态。

你会发现，我总是不停地提到 5 种基础护肤品，来帮大家制订护肤计划。你可能会舍不得舍弃自己正在用的所有护肤品，但只要你看到自己的皮肤有了明显的改善，你就不会这么想了。等到皮肤得到治愈，你完全可以继续使用原来那些护肤品或者其中的几样。

守则 3：关注皮肤变化

你比任何人都更了解自己的皮肤，所以要对皮肤多加关注。日复一日，月复一月，有太多的因素影响着我们的皮肤，包括你使用的护肤品、你的月经周期、你的饮食，以及季节的交替；还有生活中发生的一些事情，比如怀孕、压力、年龄增长等。细心留意变化，然后温柔谨慎地做出回应。

翻到第 145 页，你会看到一个小测验，你可以在新的护肤习惯养成之前、期间和之后去做。说到护肤品，如果你不确定的话，就再看看 5 种基础护肤品的内容，我将在本章稍后部分详细解释具体做法。

∫ 守则 1：简化护肤步骤

护肤基础知识

找到 5 种必备护肤品，也就是真正有用的护肤品，是实施守则 1 的关键。用对了，这 5 种护肤品就为打造完美肌肤打下了最稳固的基础。

基础护肤品有两大作用，第一是加固皮肤的天然屏障，有这种效果的拳头产品是防晒霜、洁面乳和保湿霜；第二是促进皮肤自然修复与再生，相关产品包括酸性去角质剂、抗氧化剂，如维生素 C、维生素 A。

早上	晚上
洁面乳	洁面乳
抗氧化修复精华液	透明质酸去角质精华和 / 或维生素 A*
保湿霜（如有必要）	保湿霜（如有必要）
防晒霜	

看上述表格，你会发现一天下来你有七八个护肤步骤要完成，涉及的护肤品多达五六种。我在透明质酸去角质精华和维生素 A 后面标注了星号，原因我稍后会详细说明，简单来说，就是你可能不会每天都用到这两样东西或其中的一样。

而且，我稍后还会解释，你可能根本就用不着保湿霜。

以下是对基础护肤品的详细介绍。我是按优先顺序而不是使用的先后顺序排列的。

1号基础护肤品：重头戏——防晒霜

如果你看过前几章的内容，你就知道我有多爱防晒霜！我把它放在第一位，因为它确实是早上护肤流程中最重要的一步。现在市面上有很多不同价格的防晒霜，在选购时要遵循以下几个原则：

如果可以的话，尽量选购防晒系数（SPF）50 的防晒霜，当然 SPF30 的也可以。我之所以这么说，是因为官方数据显示，如果你涂得足够多，两者的防晒力度只有 1% 的差别。半茶匙的量就够用了，脖子和嘴唇上也要涂。你选定哪种防晒霜，也就是以后经常涂抹的，取决于皮肤涂上之后的感受。防晒系数越高，往往质地越厚重、越油腻，涂抹起来也更不方便，不太好操作。所以，如果你找到了一款你喜欢的 SPF30 的防晒霜，并且愿意每天使用，那就再好不过了！

你或许知道，防晒霜按成分可以分为两种：第一种是物理（也称为矿物或无机）防晒霜，由氧化锌或二氧化钛的微小颗粒组成；第二种是化学防晒霜（让人困惑的是，它也称作有机防晒霜）。关于选择哪一种防晒霜尚存在争议，很难给出明确的建议。还有些防晒霜则集合了物理、化学两种成分。

以"更自然"为卖点的广告会告诉你要选择物理防晒霜，但事实上，所有的防晒霜都充满了化学物质。还有很多人误以为物理防晒霜会反射光线，而化学防晒霜会吸收光线，使皮肤升温。这导致有些人以为化学防晒霜会使皮肤长斑的情况变得更严重。其实，两种防晒霜的工作原理是一样的，都是吸收紫外线并将其转化为热量。物理防晒霜最多只能反射 10% 的紫外线。

有些人觉得用了物理防晒霜后皮肤会泛白，这一点很烦人，而且厚厚的质地也令人不悦。如果你觉得物理防晒霜太厚重，或者你发现涂上之后会长疹子，可以再试试现在质地更轻盈的新款，比如 SPF50 的雅漾矿物防晒霜（Avène Mineral Fluid）。

化学防晒霜可以提供更高效的防护力，尤其是抵御 UVA 射线的伤害。它的质地更轻盈，不会泛白，而且涂上后效果更持久。但对某些人来说，它可能更麻烦。

化学防晒霜更难清洁。这一点很要命，因为我知道，长期使用化学防晒霜，脸部残留的防晒霜成分会导致许多皮肤过敏的问题。如果你发现自己的皮肤对防晒霜过敏，那就避免使用以下这些成分：3- 二苯基丙烯酸异辛酯、氧苯酮、阿伏苯宗、对氨基苯甲酸（PABA）。一般来说，物理防晒霜对敏感皮肤更友好。

我的建议是找一款你每天用都很舒服的防晒霜。无论你选择哪一款，晚上一定要彻底清洁。

如果你整天都待在室内，就不需要涂那种海边专用的防晒霜，也不需要一直反复涂抹。但是记住，UVA 能穿透玻璃。Medik8 的高级日间全效防护防晒霜 SPF30（Advanced Day Total Protect SPF30）适合日常使用（不去海边时可涂抹）。

物理防晒霜有两款值得推荐，分别是芯丝翠清爽透薄防晒乳 SPF50（Neostrata shear Physical Protection SPF50）和芒清洁保护矿物防晒霜 SPF30（REN Clean Screen Mineral SPF30）。

选择化学防晒霜，就要找含有甲酚曲唑三硅氧烷（Mexoryl XL）和亚甲基双－苯并三唑基四甲基丁基酚（Tinosorb M）两种成分的，这两种成分可以抵御 UVA 和 UVB。推荐产品：雅漾防晒霜 SPF50（Avène Suncare Cream SPF50）。理肤泉特护清盈防晒乳 SPF50+（La Roche-Posay Anthelios XL SPF50+ Ultra-Light Fluid）是更具光泽的隐形防晒霜，适合每天涂抹。

如果想要两种成分混搭使用，可以试试欧邦琪润色防晒霜 SPF50（Obagi Tinted Sunshield SPF50）或修丽可清爽防晒隔离乳 SPF50（SkinCeuticals Ultra Facial UV Defense SPF50 Sunscreen Protection）。

如果你的保湿霜或化妆品自带防晒系数，你可能会觉得擦这些就够了。话虽如此，但我还是建议你再单独涂上防晒霜。就算是我，也很难保证用半茶匙量的防晒霜来涂抹全脸就能达到标签上所说的防护效果：这至少是大多数人两次使用保湿霜的量。

如果你必须选择有"双重作用"的防晒霜，那就找一种配方极好的，这样它的光谱防晒系数就很高，可以涵盖 UVA 和 UVB 射线。不妨试试宝拉珍选抗皮肤修复保湿霜 SPF50（Paula's Choice Resist Skin Restoring Moisturiser SPF50）。

某些润色防晒霜可以提供足够的遮光效果，比如 Epionce[1] 日常防晒润色隔离霜 SPF50（Epionce Daily Shield Lotion Tinted SPF50）。只是适配肤色方面可能会有问题，再加上质地可能会稍嫌厚重黏稠。但这绝对是一个不断发展的领域，因为新产品层出不穷。最后强调一点：美黑霜不是防晒霜，它的 SPF 值只有 3！

2 号基础护肤品：亚军——洁面乳

在使用保湿霜和精华液之前，我很看重洁面这一步，因为正确洁面实在太重要了。洁面乳是日常护肤第二重要的产品，早晚都要使用。它可以清除油脂、污垢和化妆品，还可以去除皮肤自身的代谢产物，这些代谢产物会累积并破坏皮肤屏障的功能。

---

1 | 美国医美级别的护肤品品牌，产品是由专业的皮肤科医生研发的。

　　我选择洁面乳的标准是必须温和。原因如下：酸性外膜是皮肤表面一层薄薄的酸性膜，由氨基酸、脂肪酸、皮脂和汗液中的乳酸组成。和皮肤微生物组（皮肤上有益细菌保护层）一样，酸性保护层也是构建健康皮肤屏障的脆弱基质的一部分。其主要功能是防御有害细菌和其他微生物。你可以把它当成一面必不可少的盾牌——一副你不知道自己正戴着的隐形面罩。

　　任何可以改变皮肤正常酸性 pH 值（4—6）的东西都可能会破坏皮肤的优良功能，而罪魁祸首往往就是洁面乳。

　　香皂呈碱性（pH 值＞7），而"强力"泡沫洁面乳中的表面活性剂也会破坏酸性外膜，削弱皮肤的自然防御能力。结果就是细菌更多了。这是那些使用"强力"洁面乳的痤疮患者最不想要的结果！

　　香皂和强力洁面乳含有一种表面活性剂分子，这种分子与油结合后可以被洗掉。但是它们也能与皮肤的基本成分结合，如蛋白质、脂类和一种叫作天然保湿因子的保护物质，并将它们剥离。当其中一些分子被留下时，它们会穿透表皮的脂质基质，引起长时间的刺激。这些过于刺激的洁面乳通常还含有其他成分，以保持条状或起泡。皮肤面对刺激很难维持平衡——这种洁面乳根本不能起到护肤的作用！

　　怎么确定哪种洁面乳适合自己？你可以问问自己，洁面后 20 秒内皮肤的感觉如何？

　　感觉紧绷？这说明：①洁面乳太刺激；②你的皮肤受到刺激或处于缺水的状态，在洁面过程中吸收了太多的水分，然后水分迅速蒸发，产生非常干燥的感觉。

　　解决方案是什么？禁止使用香皂和泡沫洁面乳。卡斯提尔香皂（Castile Soaps）[1] 甚至"天然"香皂都太刺激了，最常见的表面活

---

1 |　名称源自西班牙卡斯提尔地区，一种以橄榄油为主要成分的手工香皂。

性剂月桂基硫酸钠（sodium lauryl sulphate）也是如此，大多数洁面乳、家用清洁剂、洗发水和洗洁精中都有这种成分。有些过于刺激的洁面乳会在标签上显示"某某酸钠"，例如月桂酸钠（laurate）、牛脂酸钠（tallowate）、椰油酸钠（cocoate）。

你需要含有以下成分的洁面乳：

1. 温和的表面活性剂。多种表面活性剂混合效果更好，因为这样一来每种成分的浓度都会降低。这类表面活性剂有月桂酸硫酸钠（SLES）、葡萄糖苷、某某肌氨酸盐、某某琥珀酸酯、椰油基两性表面活性剂。

2. 保湿成分，如硬脂酸、植物油或保湿剂（如甘油、山梨醇）。推荐产品：理肤泉特安洁面乳（La Roche-Posay Toleraine dermo-cleanser）。

◆温和洁面还需要注意什么？

●不要用力擦洗。有人可能会觉得大力擦洗才算深层洁面，其实很少有哪类皮肤真的能承受得住或受益于物理去角质剂，因为它会造成研磨性损伤和微撕裂。我更喜欢化学去角质剂，它很温和，效果也不错。

●最好不要用洗脸刷。洗脸刷对大多数类型的皮肤来说刺激性太大了。如果你非要用，那就只用软头的，每周最多使用2—3次，并定期清洁刷头。

●不要擦拭。否则不仅影响生物降解，还会在皮肤上留下残留物，不是正确的洁面手法。

●不要用热水。热水会使（温和的）表面活性剂渗透得更深，从而引起刺激。用温水就可以了。

●可以学点按摩技术。目前按摩颇受欢迎，我也很喜欢。但是小心别用力过猛，因为按摩容易导致过度拉扯，尤其是在眼周部位，稍稍用力就会损伤弹性蛋白纤维。第6章我会介绍更多关于按摩的内容。

●可以使用平纹细布或法兰绒毛巾。如果你还是想要深度清洁的感觉，可以选择这两种洗脸巾。一般只有在晚上才需要卸掉脸上的彩妆和防晒霜，如果你一天要卸妆两次，动作温柔一点，慢慢来。因为动作幅度太大，洗脸巾就会像刷子或者灌木丛一样粗糙。如果皮肤变得敏感，可以暂时先用指尖按摩卸妆。

●可以用更有针对性的洁面乳替代常用的洁面乳，比如含有温和酸性去角质成分的洁面乳。但如果你用了这种洁面乳，就不要一天用两次，也不要每天都用。一定要注意！推荐产品：芯丝翠肌肤活性去角质洁面乳（Neostrata Skin Active Exfoliating cleanser）。油性皮肤可以尝试含有水杨酸的洁面乳，如 Epionce 洁面啫喱（Epionce Lytic Cleanser）。

如何卸妆

有句话或许对你是个启发，那就是你没必要非得用卸妆乳！你可以选择卸妆乳，但它不是必需品。只有眼部卸妆乳才是人人必备的。

那么，怎么保证妆容完全卸掉、皮肤真的感到干净呢？我一般会推荐温和的洁面乳。你可以通过二次洁面来卸妆，具体做法是一次洁面后再清洁一次。或者可以用洗脸巾来清洁，这个办法可以保证卸干净脸上的防晒霜。不过，我只推荐晚上采用这种洁面方式。

你可以用一块洗脸巾沾上香膏或卸妆油，比如 Votary[1] 牌卸妆油，然后轻轻擦拭脸上的妆。如果你要用维生素 A 或其他添加成分（见第124页），应该在使用前先用温和的非油性洁面乳洗两次脸，以便去除残留物。

你也可以先用胶束水（micellar water）洁面，再用平常使用的洁面

---

1 ｜ 英国护肤品品牌。

乳二次清洁。胶束水是含有温和表面活性剂的含水产品，使用后一定要冲洗或清洗。推荐产品：贝德玛舒妍多效洁肤液。

◆ 哪款洁面乳适合你？

你可能需要多试几次才能找到效果最好的洁面乳。以下是我推荐的产品：

●牛奶质地、乳液质地或洁肤冷霜。适合干性皮肤。这类产品中我最喜欢的是 Epionce 滋润洁面乳（Epionce Milky Lotion Cleanser）——我会推荐给那些脸部有红血丝和玫瑰痤疮的客户，并在她们准备激光治疗时使用。为了彻底清洁皮肤，你需要两次洁面或者（轻柔地）使用平纹细布或洗脸巾擦脸。

●基础泡沫洁面乳或凝胶洁面乳。如果你的皮肤非常干燥，就不要选择这类洁面乳。不过适乐肤泡沫洁面乳（CeraVe Foaming Facial Cleanser）含有用于保湿的神经酰胺，它们会在你的脸上起泡。

●自发泡。有了自发泡泵，你就无须手动让洁面乳起泡了。自发泡通常只含有温和的表面活性剂。起泡情况并不能准确地显示表面活性剂的强度！

●润肤油和香膏。适用于干性皮肤，最好用洗脸巾涂抹。晚上不涂维生素 A 等强效活性物质时，可以在皮肤上涂点润肤油。

●去角质洁面乳。这是我最爱用的。这种洁面乳的效果与其说是清洁不如说是治疗，所以只有在皮肤能够承受的情况下才使用，每周最多 2—3 次。（油性皮肤可能更受得住频繁的使用，效果也相当不错。）我推荐内含水杨酸的 Epionce 洁面啫喱。

3 号基础护肤品：维 A 护肤品

这类产品值得入手。你一定听说过类视黄醇或视黄醇，你肯定也听说过它有出色的疗效。所以，这有什么好大惊小怪的？

我们的皮肤天然就含有维生素 A。护肤品中的类视黄醇是一组从维生素 A 中提取的化合物，这些化合物包括视黄醇、维 A 酸（tretinoin，Retin-A 是品牌名）和阿达帕林（adapalene）。涂抹维生素 A 会让你的皮肤呈现出我所说的"成熟的光泽"。它是解决所有皮肤老化问题、有效治疗和预防晒伤的最佳护肤品，对表皮层和真皮层的每一个组成部分都有好处，甚至对血液供应也是如此。

由于维生素 A 最初是用来治疗青少年痤疮的，所以有大量的临床数据证明了它的作用。正是因为对痤疮的研究，它的其他用处才被发现，例如，它可以直接作用于真皮细胞，刺激它们生成新的胶原蛋白。它与其他所有护肤成分都不同，后者的作用是间接的，只能作用于表皮层。

维生素 A 是通过影响 1000 多个基因的表达而发挥作用的。它通过类视黄醇特异性受体与 DNA 结合，然后开启基因表达，直接刺激新蛋白质的生成，如胶原蛋白和弹性蛋白，并阻止它们的分解。

维生素 A 基本上能达到以下几个效果：

- 减少细纹和皱纹；
- 清洁、缩小毛孔；
- 有效防止长斑；
- 改善色素沉着；
- 促进胶原蛋白生成；
- 防止胶原蛋白分解；
- 充当抗氧化剂。

那么，为什么不是每个人都在使用呢？正如你所知的，维生素A是我最喜欢的可以改善皮肤的成分。但我知道你可能会像很多人一样，对使用类视黄醇持谨慎态度。如果你还没有成为维生素A的拥趸者，那么可能是你已经试用过且放弃了，因为你的皮肤不适应维生素A，或者因为你没有看到使用后的效果。我要说明的是，如果配方没问题，使用方法也没问题，大多数人都是可以使用维生素A的。

◆如何用维生素A开启护肤之路

使用类视黄醇的初期过程被称为过敏反应调整期。这个过程是无法回避的，哪怕是最坚韧的皮肤也难以逃过这段调整期。使用后4—5天，皮肤会出现刺痛感。维生素A是一种非常有效的成分，会在你的皮肤适应之前破坏掉屏障。

如果你决定继续使用效果强劲的维生素A，因为你知道自己的肤质以及生活方式都适合这类产品，并且你对自己的护肤方法很有信心，那么大约需要3周的时间才能让你的皮肤完全适应。使用强度较低的产品，刺痛感可能只会持续几天。熬过这段痛苦的调整期是有回报的：只要你的皮肤能耐受维生素A，好处会大到惊人。

*慢慢开始，慢慢积累

我见过很多人变得漫不经心，因为她们的皮肤在第3天就适应了，所以她们增加了用量，也增加了使用频率，最终却没能坚持，用了4天，又停用了4天，效果就大打折扣了。

正确的使用方法是我提出的"3、2、1——开始"方法（见第116页）：先是每3天使用一次，连续两周（仅在晚上使用，除非有特别说明）；然后每2天使用一次，连续两周；最终目标是每晚使用。切忌操之过急。记住，这是一项投资。

*始于细节，养成习惯

一开始一粒豌豆大小的量就够用了，慢慢增加至 2 厘米的长条。我发现用吸液管吸取面霜用量更精确。再次强调，一定要坚持。一开始的用量最好少一点，但要经常使用，然后逐渐加量。

如果你进展缓慢，感觉非常烦躁，可以看看以下的操作技巧：

●**提前保湿**：先涂保湿霜，5 分钟后涂抹维生素 A，目的是缓冲和稀释。再过 5 分钟后，再涂保湿霜。要使用含有神经酰胺、烟酰胺的保湿霜，也可以挑选比你在过敏反应调整期使用的保湿霜更滋润的保湿霜，但要在接下来的几周内减少保湿霜的用量。

●**敏感部位要轻擦**：你可以少涂或者避开敏感部位，比如眼睛和嘴巴周围，也可以先涂上润唇膏或者眼霜，隔 5 分钟再涂维生素 A。

●**按摩渗透**：适用于干性皮肤。按摩吸收，而不是任由皮肤自行吸收。

●**改用"胶囊"视黄醇**：如果标签上有"胶囊类"这几个字，就说明这是缓释配方。这类视黄醇有时可以减轻副作用。推荐产品：修丽可 0.3% 浓度的视黄醇（Skinceuticals 0.3% Retinol）。

◆ **维生素 A 是如何被误解的**

以下是我在诊所听到的对维生素 A 最常见的疑问和误解。

"我的皮肤不能擦维生素 A。"

"我对类视黄醇过敏。"

这些话我每周至少听到一次。事实是，几乎每个人都可以得益于类视黄醇。没错，当你第一次涂维生素 A 产品时，可能会出现副作用，皮肤确实可能会发红、干燥或剥落，但这些症状是皮肤可以忍受的。

如果你脸上有粉刺、玫瑰痤疮，或者皮肤高度敏感，那么你的皮肤会更难对类视黄醇产生耐受性。几十年来，类视黄醇一直被用于治疗青少年痤疮，但成年人的痤疮和成年人的皮肤确实需要更加精细的处理。这是因为成人粉刺和玫瑰痤疮通常会同时出现，说明皮肤有炎症，而且存在更深层次的全身性炎症。这与青春期的痘痘不同，青春痘更多是不断形成的脓包。因此，你对刺激的门槛已经降低了，你的皮肤更有可能产生反应，也需要更长的时间来镇静和修复。作为成年人，你渐增的压力和缓慢的修复机制也意味着你需要更加小心和缓慢地引入维生素 A。如果你想得到更多的指导和帮助，请咨询医生。效果可能会超出你的预期。

"我停用了，因为夏天到了。"

对类视黄醇的误解之一：你不能使用类视黄醇，因为它会让你的皮肤对阳光敏感。这种错误的认识是 3 方面原因造成的：建议涂了维生素 A 后不要晒太阳，第一次使用时会引起过敏，通常建议晚上使用维生素 A。

事实上，维生素 A 在过敏反应调整期后不会使皮肤变得更加敏感。建议在晚上使用类视黄醇，是因为紫外线会分解维生素 A，而不是皮肤涂了维生素 A 会更容易受到紫外线的伤害。这就是为什么维生素 A 的包装通常是不透明的——目的是保护产品。

研究表明，维生素 A 产品在防晒霜的保护下确实能够保持稳定和有效——用量要足够多，必要时可以多次涂抹。

我经常告诉客户，夏天不是开始涂抹维生素 A 的最佳时机，但已经在用了，继续涂抹是没问题的。这是因为在最初的 6 周内，总是会出现一定程度的刺激（见第 108 页"过敏反应调整期"），即使所有看得见的刺激反应很快就会停止，你的皮肤也会变得更加敏感。

产品升级后的配方更加稳定，比如，The Ordinary[1]的产品配方在日晒下更稳定，所以可以在早上使用。推荐：A 醇抗皱紧肤再生精华（granactive retinoids）、新一代维生素 A（novel retinoid）或维生素 A 醇衍生物（hydroxypinacolone retinoate）。

如果你打算在夏天把皮肤晒黑一点，也许维生素 A 并不适合你。如果你平时细心呵护皮肤，想用重量级产品打造最佳肌肤——现在，或者 20—40 年内——不要晒太阳，也不要把皮肤晒黑。戴上帽子和太阳镜，尽量坐在阴凉的地方。当然还要涂上防晒霜——如果在阳光下，每 2 小时都要涂抹一次，因为阳光会分解防晒成分。

"我没有脱皮。这玩意儿没什么用。"

维生素 A 去角质剂不同于酸性去角质剂或磨砂膏，它会刺激屏障细胞深层繁殖，从而加速表层死皮细胞的更替。剥落不等于脱落。你不需要通过去角质来更新皮肤，让皮肤变得更光滑。较少或无刺激性的美容维生素 A 产品是绝对值得使用的！

"有人跟我说过，我不应该把维生素 A 产品与酸性去角质剂或维生素 C 一起使用。"

事实不是这样的。这些护肤谣言是对研究的误解或曲解。这种说法源于 20 年前的一项研究，该研究探讨的是酸性如何影响皮肤分解自然生成的维生素 A。事实上，降低皮肤的 pH 值——使皮肤酸性更强——并不影响维生素 A 的作用。

开始使用维生素 A 时，我通常会暂时停用其他活性物质。但最终你还是可以使用的。这种操作的效果会更好，比如对治疗色素沉着就很有效。我一般会轮流使用两种产品：第一天晚上用去角质的，第二天晚上用维生素 A。到了冬季，如果你的皮肤比较敏感，也可

1 | 加拿大护肤品品牌。

以隔一天使用一次。

最后一点，维生素 C 实际上有助于类视黄醇更好地发挥作用，因为它可以分解自由基，而自由基会破坏维生素 A 的稳定性。

◆ 哪种维生素 A 适合你?

浓度和配方都要正确，这一点很重要。以下是几个通用准则：

*想提亮肤色、清洁毛孔，或者你是 35 岁以下人群

非处方药（OTC）配方产品的确有效，一开始确实可以选用这类产品。推荐产品：智慧花园牌 5% 活性维甲酸（GOW Granactive Retinoid 5%）——含有维生素 A 醇衍生物。

*针对 35 岁以上人群

从 35 岁开始，你可以使用非处方或处方产品。不过，大多数人直到 40 岁或 40 岁以上才会体验到处方产品的真正好处。每晚使用，连续 6 个月，然后每周使用 2—3 次，全年如此。（有人发现，使用维生素 A 6 个月后再停用 6 个月，效果会更好。）

*解决痤疮、色素沉着、痤疮疤痕或晒伤等问题

使用处方强力产品。做好远离阳光的准备，在皮肤状态不佳时停用几周。

◆ 非处方和处方产品强度对比：简单说明

维生素 A 棕榈酸酯
视黄醇
视黄醛
视黄酸

首先，维生素 A 最强的形式是视黄酸。视黄酸只用在处方产品中，

涂在皮肤上会直接与类视黄醇受体结合，并启动一连串机制来修复和预防晒伤。

其他形式的非处方产品是维生素 A 的"储存"形式。这意味着，在启动这些机制之前，它们需要在你的皮肤中经历一个循序渐进的转化过程，每一个步骤都将使你所用产品的效力降低一成。

*维生素 A 非处方产品使用指南

●维生素 A 棕榈酸酯。我不建议使用此类产品，它必须经过 3 个转换步骤才能激活，所以效果相当弱。

●浓度为 0.5%—1% 的视黄醇和处方产品一样有效，只是需要的时间更长。但要注意，实际浓度是无从知晓的。成分标签很难看懂，也容易误导人，在这一类别中是出了名的不准确。实际浓度可能区别很大，从 0.01% 到 1% 都有可能。值得一试的产品是 Retriderm 的 1% 浓度高效视黄醇（Retriderm Max 1%）。

●视黄醛。浓度为 0.05%—0.1%。视黄醛很不错，比视黄醇强 10 倍，有良好的抗菌性能，对痤疮有效。推荐产品：Medik8 水晶视黄醛精华（Medik8 Crystal Retinal）。

以下两种产品由生产商制造，其作用类似视黄酸，它们的配方和视黄酸极其相似，不同的是它们不需要处方即可购买。

●维生素 A 衍生物：维生素 A 醇衍生物。这是该领域的新产品，虽然还处于早期阶段，但其成分颇受青睐。它是视黄酸的一种化妆品酯，成分更稳定，刺激性更小，能够结合并直接激活类视黄醇受体，因此不需要在皮肤中进行任何转化。推荐产品：Votary 紧致夜间精油（Votary Intense Night Oil）和 Sunday Riley[1] 牌月神系列（Sunday Riley Luna）。

●视黄醇视黄酸酯（Retinyl retinoate）。这种组合产品很有意思，既有

---

1 | 美国护肤品品牌。

能产生直接影响且非常有效的视黄酸，又有缓慢释放且耐受性更好的视黄醇。推荐产品：Medik8 r-视黄酸酯精华（Medik8 r-Retinoate serum）。

*维生素 A 处方产品使用指南

这些产品都是视黄酸的不同形式。如果你长了痤疮，可以从全科医生那里拿到处方药。否则，你必须找皮肤科医生、私人全科医生或到皮肤诊所购买。你也可以登录 Dermatica.co.uk，该网站提供相关服务，你只需要上传照片并填写调查表，皮肤科医生就会进行远程诊断。

●维 A 酸（品牌名称：Retin-A、Kettrel）。有 3 种浓度可供选择：0.025%、0.05% 和 0.1%。这是修复皮肤因日晒而光老化的撒手锏。

●阿达帕林 [品牌名：达芙文（Differin）。在美国是非处方产品]。对痤疮和色素沉着有一定疗效，通常刺激性要小得多。

●异维甲酸（isotretinoin）。可以口服或涂抹凝胶质地产品。在与抗生素联合治疗痤疮或玫瑰痤疮时，被称为爱索新（Isotrexin）。

●他扎罗汀（tazarotene）。不是视黄酸，但很相似。可能稍微刺激一点，但效果非常好。除了能治疗光老化，它还能治疗痤疮和银屑病。

孕期或哺乳期不能使用维生素 A，若按处方药剂量口服使用，会造成胎儿畸形。

4 号基础护肤品：提亮肤色——去角质产品

去角质产品可以去除皮肤表面的死皮细胞，显示出快速提亮肤色的美容修复效果。去了角质的皮肤看起来光洁柔嫩。其实，去角质产品在功能方面也有值得称道的一面。

我比较喜欢化学去角质剂。这类酸性物质以化学方式溶解黏合剂，让死皮细胞在你洗脸的时候更容易脱落。尽管名字听起来有些暴力，但这种去角质剂其实相当温和。每种类型的皮肤都有对应的化学去角质剂，这类去角质剂很多根本没有刺激性，也不会导致红血丝或明显的脱皮。

有些人使用的是物理去角质剂，也称为机械式或研磨式磨砂膏，还可以叫作擦洗式磨砂膏。这类磨砂膏会破坏皮肤表面死皮细胞之间的结合。我说过，我不喜欢物理去角质剂。很少有哪种皮肤能真正适应这类去角质剂，再者，使用效果也不明显。

那么，去角质产品在功能方面能给皮肤带来哪些好处呢？衰老会导致表皮的自然更替过程变慢。在你十几岁的时候，新细胞在基底层形成，向上到达外层，随后变平、死亡、脱落，整个过程大约需要两周时间。但是，等你到了 40 多岁时，这个过程可能需要 4 周或更长的时间。结果导致死皮细胞在皮肤表面堆积。你会发现，死皮细胞堆积后会造成以下几个皮肤问题：

- 皮肤摸起来很粗糙。
- 皮肤看起来暗淡无光。这是因为去角质后新鲜细胞的光滑表面会反射光线，而没有去角质的话，死皮细胞的粗糙表面会散射光线。
- 皮肤会爆发痤疮，因为毛孔被吸收死皮细胞的油脂堵塞了。
- 因为黑素细胞过度敏感，皮肤看起来呈现斑片状，还有色素沉着的问题。
- 护肤品使用效果不理想，因为死皮细胞阻挡了活性成分。去角质后护肤品可以更好地渗透，皮肤的吸收效果也会更好。

持续使用去角质产品可以改善水合作用，因为屏障层功能改善后可以提升保湿能力。有些酸性去角质产品（比如聚羟基脂肪酸酯）也是湿润剂，可以将水分吸入皮肤。如果皮肤更镇静、更水润，它也会直接改善酶和成纤维细胞等深层皮肤功能。

◆ **哪些酸性去角质产品最适合你?**

酸性去角质产品的效果基本大同小异,我推荐的产品一般都不止含一种酸。

● α-羟基酸,又称果酸(AHA):有乙醇酸(glycolic acids)、乳酸(lactic acids)或苦杏仁酸(mandelic acids)等。这类酸都是水溶性的。乙醇酸作为去角质剂性能更强,但乳酸也能结合水,所以它也能补水。我个人最喜欢乳酸,因为它是皮肤天然保湿因子的一种成分。这类酸适合所有皮肤类型,可以增加皮肤的光泽度。

● β-羟基酸(BHA),又称水杨酸(Salicylic acid)。它是油溶性的,所以能深入毛孔,有效改善油脂堵塞和粉刺问题。它还具有抗炎和杀菌功能,因此对油性皮肤以及痤疮和玫瑰痤疮非常有效。

●聚羟基脂肪酸酯(PHA),化学名叫葡糖酸内酯。由较大的分子组成,吸收较慢。有补水功效,适合敏感肌肤。

这些酸类物质还有许多绿色替代品,比如石榴和南瓜中的酶,但说实话,它们的功效十分有限。话虽如此,如果你更喜欢绿色天然的方式,这些食物也是不错的选择,值得一试。

如果患者皮肤发炎或过敏,就有必要优先使用类视黄醇。但大多数皮肤通常都能吸收水杨酸。

如果你仍然对化学去角质剂有所顾虑,那可以选择下面"3、2、1——开始"的方法,慢慢开始,慢慢积累。

"3、2、1——开始"方法

先是每 3 天使用一次,持续使用 2 周。

然后每 2 天使用一次,持续使用 2 周。

最后可以每天使用。3、2、1——开始!

5 号基础护肤品：防御和修复——抗氧化修复精华液

说到抗氧化剂，维生素 C 的作用着实强大。有大量证据表明，它不但能增强天然抗氧化系统，对抗自由基造成的损伤，而且能通过提高防晒霜的效力以及保护皮肤的支撑结构来降低晒伤的风险。

还有其他使用维生素 C 的理由吗？它还能增强皮肤屏障，刺激新的胶原蛋白合成。它可以通过阻止过多的黑色素生成来改善色素沉着。它可以消炎，所以对容易长痤疮和玫瑰痤疮的皮肤非常友好。

维生素 C 有许多不同的配方。因为维生素 C 受到光照或暴露在空气中会氧化、变质，所以它通常装在小瓶子里，采用深色包装，或者在你需要时碾成粉末混合使用。很多人不知道该选择哪种类型的维生素 C，主要是营销炒作太具迷惑性，其实它们之间真的没有太大区别。只要仔细查看成分中 L- 抗坏血酸（L-Ascorbic acid）的含量即可，要获得最佳效果，L- 抗坏血酸的含量至少要达到 10%，最高可达 20%。抗坏血酸葡糖苷（ascorbyl glucoside）和抗坏血酸磷酸酯镁（MAP）也是值得注意的有效成分。

维生素 C 对孕妇也有积极效果，而且耐受性也不错。每天早上使用一次，可以加强防晒霜的效果，尤其是夏季出现色素沉着的话。也可以在下午使用，达到修复的效果。

推荐产品：欧邦琪 10%—20% 浓度左旋维 C 精华（Obagi Pro-C 10—20%）。就像我说的，你应该首先选择维生素 C 含量至少达到 10% 的产品，然后再选择比例逐渐升高的产品，但 15% 对大多数皮肤来说已经足够了。Balance Me[1] 维 C 修复精华（Balance Me Vitamin C Repair Serum）非常温和，内含有补水作用的透明质酸。茉莉亚·T. 亨特药妆维生素 C+ 精华（Julia T. Hunter MD Vitamin

---

1 | 英国的护肤品品牌。

C Plus）是一种粉末，可以倒在手心里，再加入几滴水搅拌——非常适合那些不喜欢油性精华液的人。

保湿霜怎么样？

这个说法会引发争议：保湿霜并不算基础护肤品。因为不是每个人每天都需要保湿霜，更不要说一天涂抹两次。

你可能想说："我不能没有保湿霜。"但保湿霜确实被过度宣传了，且定价过高。当然，随着皮肤状况的改善，皮肤可以发挥保湿霜防止水分流失的屏障作用，我有相当一批客户已经越来越不依赖保湿霜了。

的确，你所处的环境，例如污染和湿度的变化，还有你的激素（尤其是到了更年期），都会对皮肤造成伤害。所以，有时候必须擦保湿霜。可是，保湿霜重要的成分——补水和修复的成分——在许多价格昂贵的保湿霜中要么缺失，要么活性不高，反而在浓缩的精华液里含量更多。

所以，把目光从保湿霜上移开。许多客户把护肤品预算花在购买最高档的保湿霜上，而忽略了其他产品。如果你真的想买一款保湿霜，没必要拼命砸钱。最重要的是看准保湿霜的质地——干性皮肤用面霜，油性皮肤用乳液，等等。然后，只在需要的时候和需要的部位涂抹。

◆ 你需要什么样的保湿霜？

所有的保湿霜都有同一个目的：提高角质层的含水量。但它们不只是通过"补水"来达到这个目的。保湿霜的成分通常可以同时满足以下 3 种用途。大多数皮肤涂少量保湿霜就够了。

1.使用"封闭型"成分防止皮肤水分蒸发。保湿霜通常是油性的，涂在皮肤上可以防止水分散失。比如乳木果油、羊毛脂、摩洛哥坚果油。

2.加强皮肤屏障。可以通过使用皮肤中天然存在的脂质，如脂肪酸、神经酰胺和胆固醇来达到这个效果。我会告诉90%的客户，她们需要一种神经酰胺类的保湿霜来加强皮肤屏障。还可以选择质地较轻薄的油，即"润肤油"，它可以通过填充皮肤细胞之间的空隙来软化和平滑皮肤。比如角鲨烯和荷荷巴油。

3.增强皮肤的保水能力，这是"保湿"成分的作用。比如透明质酸、尿素（这两者都是皮肤屏障的天然成分）、甘油、α-羟基酸、蜂蜜。

如果你是中性偏干的皮肤，涂上清淡的润肤霜会让皮肤紧绷，那么在改用滋润的面霜之前，可以试着往里面加几滴油。

如果你的皮肤非常干燥或者敏感、缺水，可以先涂抹透明质酸等保湿精华液滋润皮肤，紧接着再涂上封闭型面霜。这可以防止水分从表皮深层散失。

如果你是油性皮肤或者痘痘肌，那你仍然离不开保湿成分。如果你正在使用强效活性物质来解决痘痘问题，那就更需要保湿霜了。否则，你的皮肤就会缺失抗衰老和增强屏障的重要成分。可以试用Hydratime Plus 的产品。封闭型面霜对油性皮肤并不友好，但硅酮（silicones）除外，它会在皮肤上形成一个网格，而不是完全封闭。所有皮肤类型都应避免使用椰子油等会导致粉刺（毛孔阻塞）的润肤剂。不含致粉刺成分的润肤油有角鲨烯和荷荷巴油／红花油。推荐：Votary 超级种子精华护肤油（Votary Super Seed Facial Oil）。

∫ 守则 2：不要伤害皮肤

为什么皮肤会过敏？

一提到皮肤过敏，很多人认为这是自己的皮肤类型所致，或者是因为皮肤对护肤成分过敏。其实，皮肤过敏的真实情况要复杂得多——了解了不同的原因，你就可以自己改造皮肤。

确实，有些人的皮肤会对某些产品更敏感，尤其是对香水。但对成分过敏并不常见。如果你自认为对某种产品存在"过敏反应"，那更有可能是因为它的配方中含有酒精或香精。

香精，无论是合成的还是天然的，都是引起皮肤敏感和过敏反应的最常见原因。《欧盟化妆品法规》（*EU Cosmetic Regulation*）列出了 26 种公认的香精过敏源，其中包括天然产品，如玫瑰、柠檬草、锡兰肉桂、苹果、杏子、黑醋栗、黑莓、蓝莓、橙子、百香果和桃子等的精油。如果你认为自己的皮肤对现有的护肤品过敏，我建议你立刻停用——我会在第 136 页的介入疗法中解释具体操作。

但通常这些成分并不能解释我在临床上接触过的 95% 的过敏病例。事实上，过敏通常是由以下 3 个原因造成的——介入疗法也将在这 3 个方面提供帮助。

◆ 过量使用护肤品

我在诊所看到的大多数"过敏"病例都是因为同时使用了太多的活性护肤品。并不是皮肤天生敏感，而是皮肤被折腾得敏感了。再加上定期去角质和医学面部保养，或者定期用芳香精油或过度刺激的仪器进行按摩，你的皮肤就这样过敏了，而且对刺激反应异常灵敏。即使你用同款护肤品已经很长时间了，而且没有出现不良反应，那也不能排除一种可能：你的皮肤快到过敏的临界点了。过敏不是护肤品本身的原因，而是你的皮肤储备被用完了。

◆ 全身性炎症

我已经在第 1 章深入地探讨了炎症，必须重申的是，我们的生活方式导致炎症成了我们身体大部分时候的自然状态。皮肤过敏的问题通常就潜伏在这样的状态中，生活方式就是一个关键的潜在因素。你可以按照第 3 章的建议改变一些生活方式，以此来解决这个问题。

◆ 用了不合适的护肤品（不适合皮肤类型或皮肤问题）

记住，你不是别人，你使用什么样的护肤品、遵循什么样的护肤习惯，都是你的私事。选择护肤方式需要考虑诸多因素，包括基因、生活方式、预算，等等。在浏览美妆博主的帖子、观看品牌代言人的广告时，请牢记这一点。适合她们的护肤品不一定适合你。

我见过很多人因为是油性皮肤就不使用保湿霜。油性皮肤容易冒黑头，也容易长斑，拍的照片满脸油光，毛孔粗大，一天下来脸上的妆会花。如果你是油性皮肤，一定要记得擦保湿霜，但要选择液体凝胶配方。

我也见过有人选择过厚的保湿霜，尤其是晚霜。中性偏油的皮肤应该选择凝胶、液体或质地轻薄的乳液。

如果你脸上有黑头，还有小疙瘩，你可能自认为是混合型皮肤，也不需要擦保湿霜。但即使你的皮肤没有泛油光，即使你能通过化妆遮住细纹，还是有可能出现毛孔堵塞的情况。一定要坚持用保湿霜，酸性去角质剂也非常适合你（见第 114 页）。

如果你的皮肤非常干燥，你确实需要滋润型面霜。不过，中性偏干的皮肤可能会觉得这种面霜太油腻，用乳液或者质地轻薄的面霜更好。也可以考虑制订皮肤修复计划（见第 128 页）。

改用活性护肤品

现在我要开始打造你的日常护肤流程了。就像我说过的，有针对性的活性成分和浓缩配方是提升皮肤外观和功能的途径，它们只能在已经做好准备的皮肤上发挥作用（参见第 126—140 页的皮肤修复和介入治疗方案）。

◆ 哪些是真正的活性护肤品？

我的观点是，好的成分、好的配方、好的效果远比包装或品牌重要。我选择的是我在诊所使用的品牌，因为它们的活性浓度更高，配方更好，比其他品牌有更多的临床试验和数据支持。

话虽如此，与几年前相比，现在的临床级、医疗级或药妆（不仅仅具有美容效果）产品和非处方品牌之间的差异要小得多。许多 5 年前被称为"医疗级"的产品，比如酸性去角质产品和一些抗氧化精华液，现在都可以作为非处方产品购买。

事实上，几乎所有被称为药妆、医疗级或临床级的护肤品现在都可以作为非处方产品以供选购，也可以在网上采购。如果不能购买的话，通常是品牌方的问题，与产品配方本身无关。处方产品当然效果更好，但也有例外的。

以下是我在诊所每天使用的护肤品品牌：Epionce、欧邦琪焕肤系列（Obagi Nu-Derm）、芯丝翠、茱莉亚·T. 亨特药妆系列、ZO[1] 皮肤健康系列（ZO Skin health）、Medik8 和 Tebiskin。我经常把它们和同品牌的专业强力护理和去角质产品结合使用。其他出色的

1 | 美国著名皮肤科医生 Zein Obagi 创立的护肤品品牌。

品牌还有：修丽可、医洛维媞（iS Clinical）和 Skinbetter 科学系列（Skinbetter Science）。这些产品大部分都可以在网上购买，也可以通过网络联系美容专业人士，制订个性化的在线护肤计划。

这并不是说其他非诊所品牌效果不好，其中一些我也会提到。

当我说某种产品配方不错时，意思是标签上的成分真的能被你的皮肤吸收。即使产品被打上了"医疗"的标签，也不能保证可以达到效果。

有些产品即使在售也有失效的情况。例如，维生素 C 是出了名的成分不稳定，因为你一打开瓶子它就会开始氧化。但我使用的 Tebiskin 旗下的 SOD-C（Tebiskin SOD-C）维生素 C 产品即使开瓶 3 周后，也还有超过 85% 的功效。这与许多在柜台出售的维生素 C 产品完全不同。

这也意味着，这类产品能有效地输送活性成分。请记住，大多数成分的分子都太大了，无法被皮肤吸收。好的配方都是那些成分经证实能被皮肤吸收的。

我想说的是，现在到了和莱珀妮（La Prairie）、希思黎（Sisley）、海蓝之谜（Crème de la Mer）等奢侈品牌或设计师品牌说再见的时候了。虽然那些历史悠久的品牌并没有什么问题，比如娇韵诗（Clarins）、思妍丽（Decléor）、雅诗兰黛（Estée Lauder），但太多令人耳目一新的品牌如雨后春笋般涌现，它们采用的技术非常了得，而且价格也很公道。比如 The Ordinary、智慧花园、美丽派（Beauty Pie）和 The Inkey List[1]，这些品牌竞争力强、效果好，起价还低于 10 英镑。Oskia[2]、慕拉得（Murad）、丹尼斯医生（DDG）都是我最喜欢的非处方护肤品品牌，旗下的护肤品也非常值得一试。

---

1 | 英国小众护肤品品牌。
2 | 英国小众护肤品品牌。

如果你用惯了包装精美、香气浓郁的护肤品，并且不准备弃用的话，那也不必勉强自己！这些护肤品并没有什么错，我也喜欢用。但我们要关注的是成分，而不是品牌。

成分才是你该花钱的地方！但有个前提，那就是你必须先给皮肤打好基础。为了解决更严重的皮肤问题——比如皮肤老化和晒伤、肌理粗糙、皱纹和肤色不均——或问题肌肤，你必须在基础护肤步骤中添加一些有针对性的护肤成分。

◆ 我添加的 5 种有针对性的护肤成分

只要使用得当，以下这些护肤成分就能达到如虎添翼的效果。

*透明质酸（HA）

皮肤本身会合成透明质酸，但随着年龄的增长，合成水平会下降。

护肤品中富含透明质酸的一般为精华液或喷雾，例如泰奥赛恩 RHA 精华液（Teoxane RHA Serum）。这款精华液保湿效果非常好，最好与封闭型面霜配合使用，可以防止皮肤水分流失。透明质酸分子太大，无法被皮肤吸收，所以它们会停留在皮肤表面。透明质酸使用效果最好的是 Profhilo 逆时针（Profhilo 肌底细胞活化疗程）[1]，这是一种皮肤促进剂，在皮肤上注射少量透明质酸，可以产生肌肤饱满的效果，能让皮肤焕发光彩。透明质酸不是严格意义上的护肤成分，却越来越受青睐。

*壬二酸（azelaic acid）

壬二酸是皮肤自然合成的，由皮肤微生物组生成。它也存在于小麦和大麦中。壬二酸具有抗炎作用，因为它确实能降低玫瑰痤疮患者免疫系统的过度敏感性；具有抗菌效果；还能抗粉刺，可用作抗氧化剂。壬二酸在非处方和处方产品中都可以找到。它还能阻止黑色素生成，因此对治疗色素沉着非常有效。推荐产品：宝拉珍选10% 壬二酸强化剂（Paula's Choice 10% Azelaic Acid Booster，15% 和 20% 浓度的产品需要凭处方购买）。

*烟酰胺（维生素 B₃）

烟酰胺对所有皮肤老化问题都有疗效。

烟酰胺用于干燥暗沉的皮肤，可以促进皮肤屏障中神经酰胺的生成，因此有利于水合作用。

针对有红血丝的皮肤，它有消炎的作用，所以对皮肤发炎以及敏感肌肤，包括痤疮和玫瑰痤疮都有不错的效果。

针对色素沉着，它能阻止黑色素从生成的地方转移到皮肤表面。它与壬二酸或对苯二酚（hydroquinone）混合使用的效果也非常理想，

---

1 | 瑞士 IBSA 集团研发的一种可注射、稳定的透明质酸产品，旨在改善皮肤松弛。

因为它能在色素形成路径的不同阶段起到阻碍的作用。

针对皱纹和皮肤松弛，它可以提高皮肤的能量生成，从而促进皮肤修复和再生功能，促进新胶原蛋白、弹性蛋白和皮肤自身透明质酸的生成。

另外，它的耐受性非常好，孕期和哺乳期也可以使用。推荐产品：安妍科夜用修护滋润霜（Elta MD PM Therapy）。这是一款很不错的保湿霜，质地非常轻薄（同品牌的清透系列防晒霜中也有同样的成分）。或Glossier[1]超级控油精华（Glossier Super Pure）。

*补骨脂酚（Bakuchiol）

补骨脂酚是一种新植物成分，市场反响良好。其作用类似于类视黄醇，但没有刺激性和不稳定性。它具有抗炎、抗菌的作用，是功能强大的抗氧化剂。它还可以通过刺激生成和阻止分解来提高真皮层的胶原蛋白、弹性蛋白和透明质酸水平。最后，它对治疗色素沉着也有好处，能阻断黑色素生成过程的两个重要阶段。此外，它可以全天使用，因为它不像维生素A那样会被紫外线分解。推荐产品：Medik8补骨脂酚肽精华（Medik8 Bakuchiol Peptides）。

*肽（peptides）

肽是一种"细胞沟通"的成分，是皮肤的信使，可以在多个层面上帮助皮肤修复和再生。它绝对没有吹嘘的那么神奇，但如果你有钱多买一款精华液，还是可以考虑这类产品的。推荐产品：芯丝翠三重功效紧致精华（Neostrata Tri Therapy Lifting Serum）。

护肤方案

我制订了几个有针对性的方案，以满足不同皮肤的需求。这些

---

1 | 美国互联网美妆品牌。

方案大体上遵循了我根据最新科学成果在临床上所做的研究。实施这些方案确实需要时间和金钱，以及坚持下去的决心。要是你为了护肤花了不少钱，效果却不好，那真是浪费啊！在临床上，我还可以添加保养和再生疗法（见第6章和第7章），它们也是可以单独执行的方案。

每个方案的第一阶段都是精减护肤品，也就是说，根据你的皮肤状况，在几周或几个月内只使用洁面乳、保湿霜和防晒霜。如果你没有刺激性病史或敏感性皮肤，这个阶段可能只会持续一两周的时间。如果你有上述病史，持续时间可能会拉长到6周。

到了第二阶段，你要添加抗氧化剂、酸性去角质剂或维生素A。

第三阶段是添加护肤成分和保养阶段，你要做的是加入有针对性的成分，时刻关注你的皮肤，看看有没有效果。

这些方案有两种类型：

1. 修复是为了提升和改善皮肤。有三种具体操作，第一种针对缺水和暗沉肌肤，第二种针对有皱纹或松弛问题的熟龄肌肤，第三种针对色素沉着。如果你没有这些特殊的问题，只是想让自己看起来气色更好，那么针对暗沉肌肤的方案就很适合你。

2. 介入治疗可以让容易有红血丝的敏感皮肤镇静下来，同样也适合治疗玫瑰痤疮和痤疮，但这些情况除了要改变生活方式之外，还需要就诊或使用处方产品（见第3章）。

如你所知，维生素A是我的明星产品，但如果你计划明年怀孕，就不要用了。虽然没有危险，但可能需要一年的时间才能完全达到效果，所以用了也可能是在浪费时间。此外，如果你打算在使用维生素A的头6周里去阳光明媚的海滩或者去滑雪度假，我劝你还是缓一缓再用吧。

如果你希望在实施具体的方案时获得最大的效果，一定要注意以下几个要点：

1.停用所有你试用过但至今没有见效的护肤品。别担心，也许你稍后还有机会用。不过，我建议你扔掉刺激性强的洁面乳（见第103页）。

2.在建议的时间内按原定计划执行。记住，改善皮肤是需要时间的，没有捷径可走。

3.使用同款护肤品。要想效果好，你必须坚持使用同款护肤品。切忌随意更换！

我在本书的稍后部分（从第254页开始）用简单易懂的表格列出了这些方案的步骤，告诉你每天早上和晚上分别要做什么。

◆ 修复暗沉和缺水皮肤

这个方案适用于皮肤失去光泽的你。此时，你常用的护肤品和面部护理已经没有以前的效果了。你不想再花大量的时间和金钱听从美容博主或者营销人员的建议。你发现自己脸上的妆越来越浓，你开始需要用厚厚的粉底遮住新长出的皱纹。

第一阶段和第二阶段至少需要12周的时间，因为你要一次一个地慢慢加入新产品。本方案适用于非处方维生素A产品，如果你正在使用处方产品，请遵循医嘱。

*第一阶段：精减护肤品

第1—2周

只保留3种护肤品，即洁面乳、保湿霜和防晒霜。客户一般会使用6种以上护肤品（除上述3种外，还有磨砂膏、面膜、爽肤水、精华液等），而且会不定期更换品牌。如果你精减了护肤品，你的皮肤会感谢你的。

●温和的洁面乳，含极少剂量的酸性去角质成分，而不是刺激的表面活性剂。推荐产品：茱莉亚·T.亨特药妆皮肤理疗系列洁面乳（Skin Therapy by Julia T. Hunter MD Cleanser）。它含有非常温和的表面活性剂和葡糖酸内酯——这是一种温和的水合 PHA。Epionce 温和泡沫洁面乳（Epionce Gentle Foaming Cleanser）内含柳树皮提取液，这是水杨酸的植物来源，加上药蜀葵提取物和欧米伽-3脂肪酸，有舒缓和促进水合作用的效果。

●保湿霜。选择含强化和镇静成分的保湿霜，神经酰胺、角鲨烯、尿素、草药野甘菊和燕麦等成分都是不错的选择。推荐产品：Epionce 修复护肌霜（Epionce Renewal Cream）。其中含有牛油果油和亚麻油，可以增强皮肤屏障，有抗氧化和抗炎的功效。如果皮肤干燥是你的大问题，适乐肤修护保湿润肤乳（CeraVe Moisturising Cream）适合干皮或超级干皮的你。

●防晒霜。第一阶段最重要的步骤就是每天涂防晒霜。找到一款让你满意的防晒霜。我通常会在一开始选择尽可能简单的配方。推荐产品：安妍科清爽系列（Elta MD Clear）。如果你更喜欢用浅色的防晒霜来代替粉底，那就试试芯丝翠清爽透薄防晒乳 SPF50 或 ZO Oclipse 高效亮肌防晒霜（ZO Oclipse Sunscreen and Primer）。

*第二阶段：治疗

第3—12周

这个阶段使用3种基础护肤品：酸性去角质剂、抗氧化精华液、维生素 A。请注意，在这个阶段，你的皮肤正在适应这些产品，可能会出现轻微的刺激，比如暂时的干燥、皮肤紧绷和偶尔爆发痘痘等。

第3—5周：使用免洗酸性去角质产品。推荐产品：Epionce 抗炎修复霜（Epionce Lytic Tx）或美丽派草本去角质精华（Beauty Pie Plantastic Micropeeling Drops）。每天晚上使用，涂抹后保湿 5 分钟。

第 6—8 周：添加抗氧化精华液。推荐产品：欧邦琪 15% 浓度左旋维 C 精华（Obagi Pro-C 15%）。每天早上使用。

第 9—12 周：每 3 天添加维生素 A（见第 112 页"哪种维生素 A 适合你？"），20 分钟后再保湿。可以和表格上罗列的其他产品轮换使用。美丽派视黄醇（含维生素 C）夜间修复乳霜 [Beauty Pie Super Retinol（+Vitamin C）Night Renewal Moisturizer] 是一款温和而有效的非处方产品。

如果维生素 A 不适用，那就加大去角质力度。推荐产品：欧邦琪 2% 水杨酸爽肤水（Obagi 2% Salicylic Acid Toner）、茱莉亚·T. 亨特药妆皮肤理疗系列乳酸去角质修护 [Skin Therapy by Julia T. Hunter MD Exfoliating Repair（lactic acid）]，或 Epionce 水杨酸抗炎洁面乳 [Epionce Lytic Cleanser（salicylic acid）]。每周使用两次。

*第三阶段：保养

第 13 周以后

如果皮肤需要补水，在不使用维生素 A 的时候可以加入烟酰胺或透明质酸。推荐产品：Epionce 抗氧紧致精华（Epionce Intense Defense Serum）、宝拉珍选 10% 烟酰胺精华（Paula's Choice 10% Niacinamide Booster）、茱莉亚·T. 亨特药妆皮肤理疗系列抗皱透明质酸精华 [Julia T. Hunter MD Wrinkle Filler（HA）Skin Therapy]。

另外还可以每周使用两次去角质洁面乳。

◆ 修复熟龄肌肤

如果你的皮肤看起来暗淡无光，气色不好，脸上皱巴巴的，或者已经长出了皱纹，这个方案就非常适合你。

也许你已经发现了，自己使用的保湿霜越来越油腻，皮肤却仍然没有光泽……

随着年龄的增长，尤其是快到更年期时，皮肤分泌的油脂会逐渐减少，因此皮肤会变得更干燥，也更难锁住水分。也就是说，皮肤会变得更加缺水。真皮层受损更加严重，结构性胶原蛋白和弹性蛋白的生成速度也会减慢。护肤品可以解决针对细纹和皮肤饱满度丧失（皮肤松弛的早期表现）的问题，使皮肤看起来更明亮，肤色更匀称，更有光泽感。而护肤品无法解决因面部容积减少而导致的深层皱纹或皮肤松弛问题，遇到这种情况最好去就诊（参见第 7 章）。在实施本方案的同时，遵循第 3 章"生活方式医学"的内容：光彩来自内心。

＊第一阶段：精减护肤品

第 1—2 周

只用 3 种必备护肤品。

●最重要的是防晒霜。尽量找不会爆痘的。熟龄肌肤通常适用更醇厚的配方，有遮瑕的功效。推荐产品：Epionce 日常防晒润色隔离霜 SPF50 或欧邦琪亚光防晒霜 SPF50（Obagi Matte Sunshield SPF50）。

●洁肤油或香膏。使用两周后，皮肤上会留下一层油膜，有保湿的效果。推荐产品：Votary 洁面油（Votary Cleansing Oil）或倩碧润肤油（Clinique WTDA）。

●保湿霜。或许你多年来一直在使用昂贵、奢侈的精华液和保湿霜，你不想丢掉它们，因为你很喜欢使用后皮肤呈现的状态。但通常来说，这种效果仅停留在表面，是护肤品中光滑的硅元素或巧妙的光漫射粒子在皮肤表面营造的一种发光、朦胧或有光泽的状态。

小贴士：趁脸没干时抹上保湿霜，可以锁住皮肤表面的水分。推荐产品：Epionce 深层滋润乳霜（Epionce Intensive Nourishing Cream）。这款保湿霜是我们诊所的畅销货。它是一种滋养型保湿霜，但也含有白池花籽提取液，这是一种有镇静和强化功效的脂肪酸。如果你想要质地轻薄的保湿霜，可以选择 Epionce 修复乳液（Epionce Renewal Lotion），它富含牛油果和亚麻提取液，具有抗炎和增强皮肤屏障的作用。也可以选择适乐肤修护保湿润肤乳，适合干性至极干性皮肤。

*第二阶段：治疗

第 3—12 周

第 3—5 周：用洗脸巾第二次洁面，去除油脂，这样才能最大限度地发挥活性成分的功效。可以使用一款去角质剂，一开始使用 2 天，停用 1 天，再逐渐增加使用频率，最后每晚使用。但有个前提——你的皮肤能够耐受得住。推荐产品：芯丝翠活颜细胞修复乳（Neostrata Skin Active Cellular Restoration）。这款去角质和保湿产品相当不错，适合过于干燥的皮肤。或者可以试试酸性爽肤水，比如含有酸性去角质剂的原液之谜 P50 平衡液（Biologique Recherche Lotion P50）。

第 6—8 周：加入抗氧化精华液。推荐产品：芯丝翠活颜抗氧化防护精华液（Neostrata Skin Active Antioxidant Defense Serum），由 8 种抗氧化剂混合而成。

第 9—10 周：加入维生素 A。这绝对是这个护肤方案的核心环节。用"3、2、1——开始"的方法（见第 108 页），根据表格所示，每 3 天使用一次。我通常会在治疗中直接使用处方药强度的产品。也可以试试茱莉亚·T. 亨特药妆皮肤理疗系列维生素 A+（Skin Therapy by Julia T. Hunter MD Vitamin A Plus）或芯丝翠活颜视黄醇加 N- 乙酰葡萄糖胺复合精华（Neostrata Skin Active Retinol + NAG Complex）。

第11—12周：根据表格提示，每隔一天使用维生素A。如果皮肤耐受，可以使用酸性去角质剂。

*第三阶段：补充护肤成分

第13周以后

可以改为每晚使用维生素A，持续6个月，之后可以减少用量（详见第112页）。如果皮肤适应了，没有刺激感，还可以补充护肤成分。你想加多少就加多少，但一次只能加一种，使用2周后再添加另一种。

●透明质酸，用于补水。推荐产品：泰奥赛恩RHA精华液。

●肽能促进胶原蛋白的生成。推荐产品：芯丝翠三重功效紧致精华或博姿第7号完美焕彩提拉精华液（Boots Protect and Perfect Serum no.7）。

●补骨脂酚能促进胶原蛋白和弹性蛋白的生成，而没有维生素A造成的刺激感。可以试试Medik8补骨脂酚肽精华。

●烟酰胺。推荐产品：Epionce抗氧紧致精华。

个案分析

当57岁的安娜来找我时，她对自己的外貌深感绝望，要求我给她注射肉毒杆菌毒素和填充剂。她告诉我，她在美容产品上已经花了几千英镑。她购买并尝试了许多品牌的产品，其中大多数还号称绿色天然。她买的润肤油和精华液摆满了好几个架子。她喜欢使用这些护肤品的习惯，但她厌倦了皮肤毫无起色的现状。实际情况恰恰相反：她不仅觉得皮肤看起来更显老态了，而且嘴巴周围还长了斑。

我的第一步就是给她做针对熟龄肌肤的修复疗法，先用3种护肤品：温和的洁面乳、轻薄的保湿霜和防晒霜。只能用基础护肤品让她觉得自己再也不能用那些奢侈的润肤油、精华液和面霜了。我告诉她，只要她的皮肤屏障功能恢复正常，她就不会再爆痘，就算不涂厚厚的润肤霜，皮肤也会更白皙、更饱满。这样一来，她就可以继续用那些昂贵的护肤品了。

安娜不想尝试她认为含"化学物质"的护肤品，尤其是防晒霜。但在我解释了防晒霜的重要性后，她还是同意了，她想要看到防晒后的效果。找到合适的防晒霜后，她就坚持每天涂抹。

两周后，安娜开始使用 Epionce 抗炎修复霜——一种含有水杨酸的酸性去角质剂，它可以在洁面时去除死皮细胞，不是磨砂款，没有刺痛感，也不会脱皮。一周后，她说皮肤有了光泽度。又过了一周，她脸上的斑点也开始变淡。到了第9周，我开始给安娜用维生素A(浓度为0.025%的维A酸)，她现在还在用。维生素A需要时间才能起效，最近的研究表明，使用一年后，它能真正改善皮肤的真皮层。

安娜的计划实施 6 个月后，她的皮肤变得更加饱满和柔软了，她也确实对自己的外貌更加自信了，所以她决定不做填充。她只在长皱纹和鱼尾纹的部位注射了一点肉毒杆菌毒素，如果没有做皮肤修复的话，那就不止注射那么一丁点儿了。

◆ 修复色素沉着

这个护肤方案只能减轻色素沉着的症状。要彻底解决色素沉着的问题，找出原因很重要。是激素造成的吗？还是服用避孕药或者怀孕导致了黄褐斑？压力引起的全身性炎症通常也与色素沉着有关，改变生活方式真的管用（见第 3 章）。还是突然爆痘引起的？如果真是这样，在实施修复方案之前，请先处理好这个问题（参见第 138 页关于痤疮的建议）。记住：如果你真的想治疗色素沉着，避免阳光直晒、涂上防晒霜永远是重点。

常用处方产品方案：最好使用浓度为 4% 的处方药强度的对苯二

酚。如果你不想用这个，也有非处方产品可选（见第 135 页）。

*第一阶段：精减护肤品

第 1—2 周

与肤色暗沉和缺水皮肤修复计划相同（见第 128 页）。最好精减使用护肤品，因为过度刺激皮肤会引发色素沉着。

*第二阶段：治疗

第 3—12 周

维生素 C、酸性去角质剂和维生素 A 组合使用可以治疗色素沉着，一旦停用对苯二酚，你就可以使用这种组合保养皮肤。（不要同时使用维生素 A 和酸性去角质剂，因为可能会加重色素沉着，除非你正在用对苯二酚。）

我在临床上经常用的是欧邦琪焕肤系列产品，它们包含了以上所有这些要素。对于熟龄肌肤来说，这也是一个很好的修复方案。该系列中的所有产品都可以单独购买，但欧邦琪焕肤维 A 酸（Obagi Nu-Derm Tretinoin）和 4% 浓度的对苯二酚只能凭处方购买。

如果你想购买能替代对苯二酚的非处方产品，必须要找成分中有壬二酸、曲酸、甘草、氨甲环酸和烟酰胺的。推荐产品：含甘草提取液的 Epionce 美白活肤精华（Epionce Melanolyte Tx）与含抗炎剂和抗氧化剂的 Epionce 重点祛斑精华（Epionce Pigment Perfection Serum）。

第 3—5 周： 根据表格（见第 257 页）加入酸性去角质剂和处方产品对苯二酚或非处方产品色素沉着精华液。将这两种活性成分涂抹在脸上，一直到发际线的位置，眼睛处只抹到眼眶骨上，不要抹到脖子上。

第 6—12 周： 按照表格添加抗氧化精华液和处方维生素 A（维 A 酸）。从豌豆大小的量开始涂抹。（可能需要使用 12 周以上才能达到你想要的效果。）

*第三阶段：保养

第 13 周以后

不要突然停用对苯二酚，必须在使用超过 4 周后才能停用，防止反弹性色素沉着。从第 12 周开始，你可以添加其他护肤成分来解决别的皮肤问题，但要按照计划慢慢来。具体内容见附表。

个案分析

38 岁的莉兹告诉我，她 3 个月后要去参加一场大型同学聚会，她希望自己的皮肤到了那天能呈现出光彩夺目的状态。她有一点色素沉着问题，但皮肤状况大体稳定。她说自己工作繁忙，没有时间做很多治疗。

我告诉她，维生素 A 能给她想要的效果，但使用后她的皮肤有可能会在几周内变得敏感。她说："我不在乎会不会脱皮，你给我用化学护肤品吧！"我让她参加了为期 12 周的欧邦琪焕肤系列家庭计划。虽然这个计划需要患者在诊所接受监督，但只需要在第 6 周和第 11 周来诊所就行，其余的步骤可以通过网络沟通完成。最初几周，莉兹的皮肤确实因使用维生素 A 而变得敏感，出现了脱皮现象。但等她再次就诊时，她的皮肤看起来更光滑、更均匀、更有光泽了——她根本就没化妆。

◆ 致敏皮肤的介入治疗

如果你的皮肤经常有紧绷感，容易有红血丝，这个方案就挺适合你。其他适合使用的情况有：皮肤粗糙干燥，偶尔还会爆痘；皮肤潮红，容易发炎；皮肤状态不稳定，偶尔镇静，但不可控；皮肤对各种护肤品越来越敏感；化的妆越来越浓。

我也可以用这个方案为客户准备激光治疗。针对敏感皮肤，解决身体的系统性炎症也是个办法——更多相关内容，请参见第 3 章。

我还在后文列出了成人痤疮和玫瑰痤疮的治疗办法，但这些情况确实需要去诊所治疗。我一般会将处方护肤品与诸如去角质（第179页）和激光（第198页）等步骤结合起来。

*第一阶段：精减护肤品

第1—6周

不要用香精，包括"香水"和精油。不要用力擦洗，不要用磨砂膏或带颗粒的洁面乳、酸性洁面乳，也不要用很烫的水洗脸——洗热水澡的时间不宜过长。

●每天两次使用温和洁面乳。推荐产品：Epionce 滋润洁面乳、雅漾极致温和修护洁面乳（Avène Extremely Gentle Cleansing Lotion）。

●使用含神经酰胺、小白菊、洋甘菊、壬二酸或烟酰胺等增强屏障和抗炎成分的保湿霜。推荐产品：Epionce 修复舒缓面霜（Epionce Renewal Soothing Cream）、雅漾环孢素滋养防护霜（Avène Cicalfate+ Restorative Protective Cream）和适乐肤修护保湿润肤乳。

●防晒霜。推荐产品：荷丽可 360 度全光谱水感防晒液 SPF50（Heliocare 360 Water Gel SPF50）。我很少这么说，但如果你的皮肤突然出现红血丝，你必须停用几天防晒霜。即使是成分最纯粹的防晒霜，其化学成分也可能过量。但是，要远离阳光——当皮肤发炎时，它对紫外线伤害的阈值是最低的。

*第二阶段：治疗

第7—12周

第7—9周：免洗去角质剂——水杨酸是我的首选。推荐产品：Epionce 轻柔抗炎修复霜（Epionce Lite Lytic Tx）。其中含有壬二酸，这种成分非常有针对性（见第138页）。

第10—12周：维生素 C 精华液。推荐产品：茉莉亚·T. 亨特药妆皮肤理疗系列维生素 C+（Skin Therapy by Julia T. Hunter MD Vitamin C Plus）。在涂抹前，先将粉末与水滴或精华液在掌心混合。如果你对这款产品仍然太敏感，可以在混合物中添加几滴茱莉亚·T. 亨特药妆皮肤理疗系列鸸鹋油（Skin Therapy by Julia T. Hunter MD Emu Oil）。抗坏血酸磷酸酯镁是一种水溶性的替代品，通常刺激性较小。

*第三阶段：补充护肤成分

第 13 周以后

●一次加入一种有针对性的成分，两次添加成分之间要间隔 2 周。

●壬二酸（通常为处方药强度）。推荐产品：The Ordinary 10% 浓度壬二酸面霜（The Ordinary Azelaic Acid Suspension 10%）。

●烟酰胺。可以试试 Epionce 抗氧紧致精华。

◆ 玫瑰痤疮的介入治疗

遵循前文处理敏感皮肤的方法，但如果皮肤发炎、疼痛或长斑时，不要使用酸性去角质剂和维生素 C 精华液。

如果在 6—12 周期间没有修复的效果，那就继续使用处方产品，你可以从全科医生或皮肤科医生那里买到。这些产品成分包括壬二酸、甲硝唑和伊维菌素。针对这种情况，可以去诊所选择激光治疗，但如果皮肤严重发炎，或者脓包很明显，那就不能采取激光治疗。

◆ 成人痤疮的介入治疗

你也许听说过痤疮是油性皮肤造成的，但我经常看到由皮肤过敏引起的痘痘。发炎的皮肤会产生更多的皮脂，堆积的死皮细胞会吸收这些皮脂，并开始堵塞毛孔。这使得痤疮细菌大量繁殖。过度清洁造成皮肤干燥，会加剧炎症，导致皮肤产生更多的皮脂。

如果你的痤疮不是太严重，或者尚在早期爆发阶段，介入治疗就很适合你。中度至重度痤疮往往需要处方药强度的产品。我很少直接动用抗生素，在此之前可以采取的治疗手段太多了——营养疗法、去角质和激光美容——但需要耐心。

激素或压力往往是爆痘的根源，所以你也需要反思一下自己的生活方式（见第3章）。理想的情况是，在改变生活方式的同时，从外部护理你的皮肤，然后你可以在6个月内停用处方护肤品。话虽如此，痤疮需要的是持续管理。

*第一阶段：精减护肤品

第1—6周

●即使你想用刺激性的洁面乳，也千万不要用！否则皮肤会变得更糟。推荐产品：山姆医生无瑕洁面凝胶（Dr Sam's Flawless Cleanser）。

●不要漏用保湿霜，即便它的效果没有预期那么好。推荐产品：Hydratime Plus 或露得清水活盈透保湿凝露（Neutrogena Hydro Boost Water Gel Moisturiser）。

●同时，我通常会添加一种处方乳霜，有可能是达芙文（含阿达帕林———种类视黄醇）或痘克凝胶（含过氧化苯甲酰和一种抗生素）。

●防晒霜。这对进入第二阶段和第三阶段尤为重要。推荐产品：安妍科清爽系列。

*第二阶段：治疗

第7—12周（或第7—24周）

治疗痤疮的周期可长达6个月。遵照医嘱使用处方药强度的维生素A，不仅能减少皮脂产生，还能去角质并修复炎症后的皮肤。

●水杨酸。可以抗炎，还能改善毛孔衬细胞更新，降低堵塞风险。可以在早上或晚上使用，但不能与维生素 A 同时使用，否则会加剧炎症。如果皮肤发炎，可以试用 Epionce 活力修复霜（Epionce Lytic Sport），等皮肤镇静下来后可以使用欧邦琪祛痘 2% 水杨酸爽肤水。如果你需要直接在色斑上涂抹，可以试试芯丝翠定向净化凝胶（Neostrata Targeted Clarifying Gel）。

●维生素 C 抗氧化精华液对皮肤修复有好处，但要谨慎使用，如果感到刺激，请立即停止。此外，大多数维生素 C 精华液都是油基的，所以可以试试茱莉亚·T. 亨特药妆皮肤理疗系列维生素 C 粉（Skin Therapy by Julia T. Hunter MD Vitamin C powder）。

*第三阶段：保养

第 13 周以后（或第 25 周以后）

如果需要加大治疗强度，可以试试以下补充成分：

●过氧化苯甲酰（benzoyl peroxide），比如 5% 浓度的 Acnecide[1]，可以杀灭细菌，帮助疏通堵塞的毛孔。

●Clinisept[2] 是一种抗菌溶液，洁面后立即使用。

●壬二酸可消炎、抗菌和疏通毛孔。

●烟酰胺具有抗炎作用，可减少油脂分泌，促进神经酰胺生成。

◆ **额外的护肤阶段**

人们经常问我是否可以继续使用以下这些护肤品：

*爽肤水

你可能喜欢用过爽肤水之后皮肤清新的感觉，但其实爽肤水不应该有收敛作用，不应该含有能"收缩毛孔"的酒精成分，也不应

---

1 | 英国一药妆品牌。
2 | 英国一药妆品牌。

该是"干性油"。那种爽肤水刺激性太强了。我反而喜欢那种能在洁面后重新平衡皮肤酸碱度，并为下一步护肤做准备的爽肤水。"精华水"（Essences）就是这种新型爽肤水，例如爱诗妍益生菌抗污染精华水（Exuviance Probiotic Lysate Anti-Pollution Essence）。或者找含有镇静成分的爽肤水，比如Medik8日常清爽平衡爽肤水（Medik8 Daily Refresh Balancing Toner，含甘油、烟酰胺和尿素）。如果你没有时间用爽肤水，我建议你跳过这一步。

*眼霜

用眼霜不完全是炒作。理想情况下，全脸涂抹面霜就够用了。眼睛下方的皮肤更薄，皮脂腺更少，所以，如果你用的是超轻薄的保湿霜，就可以当眼霜用。如果眼周部位对活性护肤品过敏的话，那还是用眼霜吧。推荐产品：ZO水凝亮彩修复眼霜（ZO Hydrafirm Eye Brightening Repair Crème），含有解决色素和浮肿的成分。也可以选用有镇静和补水功效的Epionce美肌修复眼霜（Epionce Renewal Eye Cream）。

小贴士：

●眼霜对黑眼圈或眼皮浮肿的作用微乎其微——即使有效果也很短暂。

●擦保湿霜之前先涂眼霜，可以让活性成分直接进入皮肤。

*颈霜

同样，你也不一定要购买颈霜。颈部和手都可以用日常护肤品打理。人们经常会忘记擦这两个部位，其实好好护理一定会有惊喜。颈部也应该涂上保湿霜：好好滋养吧！如果你在脸上涂抹的是特别强力的活性物质（例如维A酸），那要小心脖子，因为那里的皮肤更敏感，万一过敏，恢复起来也更慢。所以，你要先涂上保湿霜。

慢性皮肤病真的会摧毁人们的信心，它成了许多人过上充实生活的绊脚石。在说到生活方式医学以及饮食、压力、睡眠和污染对皮肤的影响时，我们已经提到了其中的一些情况。改变生活方式在活性护肤方面也有帮助，不过，你需要接受的是，自行诊治的家庭疗法通常是不够的。如果你患有持续性或复发性痤疮、疤痕、色素沉着、玫瑰痤疮或银屑病，请向全科医生咨询。另外，可以考虑去美容诊所求助。

是奇迹产品还是营销噱头？

几乎每个星期都会有一款受所有美妆博主和品牌大使青睐的新品推出。以下是近年来推出的一些新品，以及我对它们的看法。

●面部按摩工具：其实就是刮痧工具、玉石滚轮、玫瑰石英滚轮。挺有意思的！如果有了它们，你就有动力抽时间做按摩和淋巴引流，让自己得到放松，那就买吧。

●面膜：如果你有时间，也不缺钱，而且喜欢敷面膜，那就尽情使用。但如果你是因为觉得自己的皮肤需要面膜才定期敷的，那么你就得好好检查一下你的常用护肤品是不是有问题了——面膜中应该没有什么东西是你的日常护肤品不能提供的。面膜对环境也是有影响的，所以尽量找一款你确定可以生物降解的面膜。

●家用 LED 光谱面罩：我是 LED 的粉丝，它背后的原理很有道理。我有两点疑虑。在诊所使用功能强大的仪器，每次至少要治疗 20 分钟，而且每周要做两次，才能看到明显的改善。所以，第一个问题是，家用面罩的功能是否强大到足以产生真正的影响？第二个问题是，你真的会坚持用下去吗？

∫ 守则 3：关注皮肤变化——你最关心的护肤问题是什么？

就像在诊所一样，我希望你能评估自己的皮肤状况，思考困扰你的皮肤问题，知道自己想改变什么。你可能会在我多年来遇到的这些客户中找到自己的影子。

你的情况：自我诊断型，Space NK[1] 忠诚卡持有人，愿意为变美花钱。

我的建议：修复暗沉缺水肌肤（第 128 页）。正确护肤一段时间后皮肤即可改善。

————

你的情况：怀疑论者，只用水和维蕾德全能面霜（Weleda Skin Food）。

我的建议：改用活性护肤品（第 93 页）。该认真护肤了。

————

你的情况：不化妆就不出门。什么护肤品都试过了，还是难逃过敏的命运！没有一款护肤品是有用的。

我的建议：针对致敏皮肤的介入治疗（第 136 页）。改变生活方式，特别是要评估一下你的压力水平（见第 3 章）。

————

你的情况：有炎症性皮肤病，比如长了痤疮或玫瑰痤疮。

我的建议：组合治疗。试试痤疮介入治疗（第 138 页），然后看看你的饮食、你的压力水平，也许还有你的激素平衡水平（见第 3 章）。至于具体的治疗方案，我建议先做医学面部保养和使用 LED 光疗（见第 6 章），然后使用再生激光治疗疤痕，并且在保养阶段优化治疗色素沉着及血管扩张（见第 8 章）。

你的皮肤状况如何？

在新的护肤方案确定之前和实施期间，可以用这份问卷来监测你的皮肤状况。你会知道什么是有效的，什么是你不喜欢的。你可

——————————

1 | 英国美妆集合店品牌。

能会对皮肤状况的好转感到惊讶。记住守则 3：关注皮肤变化！

　　填写下面的表格，然后给自己的皮肤状况打分。

我看到了什么？

给自己目前的皮肤状况打分，再把分数加起来，得出总分。

1. 暗沉、缺水

(0) 面色红润

(1) 没有那么明亮，缺乏光泽

(2) 紧绷、蜡黄，面色晦暗

(3) 皮肤偶尔干裂，摸上去很粗糙

2. 红血丝

(0) 没有红血丝

(1) 有几个红点，鼻子周围要用遮瑕膏遮瑕

(2) 脸颊上有红血丝或过敏

(3) 有痤疮，有时还长斑

3. 色素沉着

(0) 没有黄褐斑

(1) 肤色不均匀或有明显的黄褐斑

(2) 出现斑块，但夏天过后会消失

(3) 黄褐斑始终不消

4. 纹路

(0) 没有纹路

(1) 前额上有水平分布的细纹，或眉毛之间有垂直分布的细纹，或有鱼尾纹

(2) 皱纹加深

(3) 即使不做表情，仍然会出现皱纹

5. 幼态皱纹

(0) 无皱纹或皮肤饱满滋润

(1) 眼睛下方有细纹

(2) 不笑时出现鱼尾纹，或有延伸的鱼尾纹

(3) 不只是眼周出现："手风琴纹"（微笑时出现在嘴角的垂直线）、"条形码纹"（出现在上嘴唇上方的垂直线）

6. 皮肤松弛，失去弹性

(0) 结实有弹性的皮肤

(1) 回弹较慢

(2) 嘴巴周围的皮肤不太光滑

(3) 嘴唇"下垂""嘴角下垂"

7. 面部容积减少（皮下组织失去支撑）

(0) 紧致

(1) 有点下垂

(2) 下垂

(3) 双下巴

8. 其他问题：同样用 0—3 来评分

皮肤出油

爆痘

毛孔粗大

粟丘疹（外观像白头但不会消失的小肿块）

黑眼圈

眼袋

上眼皮下垂

条形码纹

嘴唇变薄

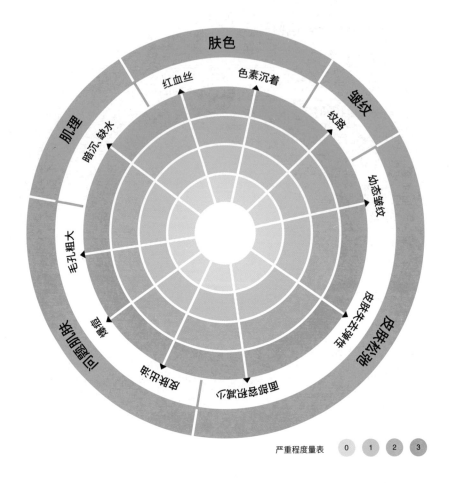

严重程度量表　⓪　①　②　③

	得分（0—3）	烦恼指数（0—3）
暗沉、缺水		
红血丝		
色素沉着		
皱纹		
幼态皱纹		
皮肤失去弹性		
面部容积减少		

评分表	
皮肤暗沉、干燥	即使只用基础护肤品，你也应该重视皮肤护理。 从修复计划开始。使用酸性去角质产品会让你快速获得成功。 **有针对性的成分：** 保湿：甘油、角鲨烯、尿素。 抗炎：壬二酸、锌、烟酰胺、小白菊、燕麦。 **强化皮肤护理的外部手段：** 医学面部保养、去角质、美塑疗法、强脉冲光（见第 7 章和第 8 章）。
红血丝	通过皮肤护理可以大大改善红血丝或潮红问题。 从介入治疗计划开始。 **有针对性的成分：** 烟酰胺、壬二酸、用于去角质的水杨酸。 **强化皮肤护理的外部手段：** 最后的撒手锏可能是激光手术或强脉冲光（见第 7 章和第 8 章）。
色素沉着	涂防晒霜。 从修复计划入手。 色素沉着通常需要处方护肤品。 **有针对性的成分：** 维生素 C、烟酰胺、曲酸都可行。 如果你是敏感肌，甘草是不错的选择。 **强化皮肤护理的外部手段：** 可能需要激光手术或强脉冲光。
皱纹	从熟龄肌肤的修复计划开始。 促进防御的抗氧化剂：白藜芦醇、α－硫辛酸、辅酶 Q_{10}。 **强化皮肤护理的外部手段：** 要想显著改善，有可能需要注射填充剂（见第 8 章"优化治疗"）。

皮肤松弛	从修复熟龄肌肤开始。但护肤只能起到预防作用。饱满效应可以在一定程度上掩盖面部容积的减少，但不是很明显。 **强化皮肤护理的外部手段:** 皮肤活化剂、填充剂、埋线、能量源仪器（参见第 7 章和第 8 章）。
其他问题	查阅本书中我单独处理这些问题的内容。

这些皮肤问题对我有多大影响?（实话实说!） （1= 很少想，3= 可能一天想一次，5= 一天想好几次。）	
皮肤暗沉、干燥	
红血丝	
色素沉着	
皱纹	
皮肤松弛	
其他问题	

你目前的护肤流程是什么?

根据本章提到的建议,填写你当前的日常护肤流程,评估你可以做出的改变,以便充分利用时间和金钱。

	早上	晚上
洁面乳		
二次洁面(如有必要)		
洗脸巾(是/否)		
爽肤水		
去角质剂		
治疗(痤疮、色斑)		
眼霜		
精华液		
维生素 A		
保湿霜		
防晒霜		
其他		
用时		

	使用频率
面膜	
处方产品	
面部保养	
其他美容疗程	

本章要点回顾 ▼

● 备好资金，空出时间。

● 这是一场马拉松，不是短跑。慢慢来，不着急。

● 把皮肤从你一直在使用的护肤品中解脱出来。我所有的方案都是从精减护肤品开始的。

● 准备好基础护肤品。也就是说，每天都要涂防晒霜，使用温和的洁面乳，外加维生素 A、酸性去角质剂、抗坏血酸抗氧化剂。

● 记住，护肤得当应该能改善皮肤功能及外观，这才是长远的结果。

chapter

5

第 5 章

—

你的咨询：
医学美容指南

　　第 2 章探讨的是"做或不做"，在本章我将阐明"做什么、什么时候做"。从本章开始，我们将沿着积极抗老金字塔向临床治疗进发。这些治疗手段是否适合你，你不必现在就下结论。我会告诉你所有你需要知道的信息，最后由你自己做出明智的选择。无论你最终选择做一次治疗，还是 10 次治疗，抑或选择不接受治疗，都没有关系。

　　在第 2 章，我要求你审视自己的心态，问问自己为什么要读这本书，以及你想在这段积极抗老的旅途中付出什么。对某些人来说，要回答这些问题或许很容易，但更有可能的是，有些人会继续深刻反省下去。

　　也许你原先的想法是"为什么要在乎外貌？我的价值远远超过我的外貌"，而现在的你承认自己在职场中开始退居二线，对于自己的信心逐渐消退这件事感到困惑。这种情况很普遍，也是我作为医生和客户不得不去面对的。

　　所以，每次初见客户时，我都会抽出大量时间了解她们的需求、期望和恐惧。我通常会先了解客户本人以及她前来就诊的动机，再探讨外貌和治疗方案。治疗可以改变外貌，但无法改变想法。

　　大多数人考虑了很多年，最后终于来诊所预约治疗了。很多人见过朋友去美容诊所后的变化，但没跟任何人提起过。有些人则是有一天照了照镜子，突然决定来诊所。有些人很明确自己想要什么（或者觉得自己想要什么），有些人则不知道自己想要什么。还有的人去过不同的诊所，对目前的效果并不满意。我的工作就是判断什么样的治疗适合你的脸，什么是值得做的，并告诉你治疗后的效果是什么样的。我处理问题的方式往往比较谨慎：一开始不会把话说得太满，而是根据需要随时进行调整。

　　第一步，我会带着你完成第一次咨询，就像我在诊所做的那样。在诊所，客户通过咨询可以更深刻地了解自己的皮肤状况，了解我们能提供的治疗方案，并了解如何获得最理想的效果。

咨询过程不会列购物清单，也不会对治疗方案进行深入的研究（这是本书稍后要提到的内容）。如果你觉得自己应该跳过护肤这个层级，我会给你简单介绍积极抗老金字塔各个层级的特点。

即便如此，如果你想跳到金字塔的顶端开始治疗，那也由你。很多人都这么做。作为 3 个男孩的妈妈，我深知这几年来每天晚上睡足 8 小时有多么不现实（也许永远都不可能做到！），我也知道抽出时间把健身、瑜伽、烹饪、与朋友见面、做爱、面部按摩这些事全做成有多难！除此之外，还要减少糖和酒精的摄入量——以往的经验告诉我，这太难做到了。所以，永远不要为你的选择感到内疚。我们所有人的生活都不同，无论选择什么，你都应该为自己感到高兴。

不过，就像生活中的大多数事情一样，如果你基础牢固，就会收获更好的结果。我的意思是，如果你心态良好，尽量保持健康的生活方式，量身定制效果明显的护肤方式，那么金字塔顶端的治疗也会起到最大的作用。但是要记住，没有人可以做所有的事情，那些尝试过的人通常都会失败，并最终放弃！鼓励的话不多说了，还是言归正传吧……

∫ 自我评估

来诊所之前，你要填写一张关于心态和生活方式的表格，里面还有一些更深层次的问题，比如你在照镜子时看到的是什么，以及下文的对自己皮肤状况的详细分析。这张表格是临床治疗的工具，我在见到你之前会先翻看这张表格，以便清楚了解你的皮肤状况和你对自己皮肤的感受。

要填写这张表格，你只需要照照镜子，根据下面的皮肤评分表给自己的皮肤打分。你要观察的是皮肤的所有特质，包括肌理、肤色和面部容积，依照 0（没有问题）—3（你想解决问题）的分值进行打分，并把分数写在下表中。

即使不去诊所，填这张表格也是很有用处的。你可以用它来测试改变护肤方式和生活方式对皮肤的影响，如果你选择治疗，还可以清楚地知道治疗前后的差异。

	得分(0—3)	烦恼指数(0—3)
暗沉、缺水		
红血丝		
色素沉着		
皱纹		
幼态皱纹		
皮肤松弛		
面部容积减少		
皮肤出油		
爆痘		
毛孔粗大		
其他问题		

静态的照片和动态的你——医生视角

第一次见客户之前，我都会仔细查看她们站在前台登记时拍的几张照片。我会研究她们面部的比例、角度和轮廓。所有这些信息，连同那张表格，都可以帮助我在做初诊准备工作时制订好初步的治疗计划。

不过，当你走进来，我和你握手，看到你那一瞬间的模样时，我拟定的治疗流程有可能就会改变。我也许会对自己说，不行，治疗那几道深层前额皱纹不会有太大的效果：她笑起来好看多了。我可以采用补充面部容积和恢复轮廓与比例的办法。你的脸如何做表情才是关键。

第一次见面时，我会和你聊聊跟你皮肤有关的所有情况，包括你目前是怎么保养皮肤的、你过去的皮肤状况和美容史（回顾你十几岁时的皮肤状况！）、你的生活方式，以及你的关注点和诉求。然后我会亲自借助仪器检查你的皮肤，有可能会使用放大软件来量化毛孔或红血丝等问题，或者把探针放在你的皮肤上，测试弹性或皮脂水平。

患者视角 VS 医生视角

这是咨询中最感性的部分。我要求人们敞开心扉，聊聊自己的脸和皮肤，说说她们对皮肤分析的看法以及感受。是不是很容易今天喜欢自己的皮肤状态，明天就讨厌起来了？有没有什么东西不一定随时间而改变，但你看待它的方式却变了？

试图保持100%的客观，固执地坚持我在遇见你之前所做的评估，这是错误的做法。我必须在你做表情、说话和表达的时候360度地打量你的面部。更重要的是，你自己的想法和我的想法一样重要。我必须认真对待你对自己外貌的看法和感受。

举个例子，如果你告诉我，你被自己脸部的某个问题困扰着——比如黑眼圈、皱纹、皮肤松弛、色素沉着——我就会问你这个问题多久会困扰你一次。如果你每天都花时间涂抹一层又一层的化妆品，企图掩盖或弥补问题部位，那么或许是时候去处理它了。即使作为你的医生，我并不认为这个问题有多么要紧。

相反地，如果我只关注客户看到的和想要的，并机械地去处理，这会后患无穷。因为很多时候，客户会把注意力放在一件经过多年分析已经成为问题的事情上，这可能与她们的青少年时期有关。我们都有自己的"问题"，这很正常，但我的工作是帮助你解决并放下这些问题。

怎么才能发现别人看到的是不是自己看到的？一个有话直说的好朋友会是一个很好的倾听者。如果你想要得到真实的视角，看看自己的照片比照镜子要准确得多。虽然每个人第一次看到自己就诊时的照片都会唉声叹气，但当我和客户坐下来谈话时，这样的照片确实为我们提供了客观的评判依据。另外，我经常让客户给我看她们自己满意的照片。这有助于我揣摩她们喜欢的面部特征，以及在考虑治疗时我应该把重点放在哪些方面。

∫ 物超所值：你的年度皮肤计划

好吧，我知道我刚刚用信息轰炸了你——这只是第一次咨询！我将在本章的稍后部分重新聊聊你可能想要考虑的具体治疗方案，我需要先解释一下为什么你应该制订年度皮肤计划，以及为了制订这样的计划需要考虑哪些事情。

首先，你需要知道为什么要制订年度皮肤计划。年度计划能让你在付出时间和金钱之后获得最大的回报。它是客户和执业医生之间达成的共识，它定下你的期望，避免你过度消费或做你不想做的事，避免出现很多人告诉我她们很紧张的现象。它可以让你了解从治疗到见效所需的时间，这样一来，你就不会过早地去制订另一个计划。

此外，年度计划意味着你永远不会被你听到的任何全新的"奇迹"

产品或治疗方式所诱惑。当新的产品或治疗手段出现时，我会对它们进行监控，如果我确信它们有用，我才会引进。没有必要仅仅因为是新推出的或者受到了媒体的关注就仓促引进。

一年的时间也很合理，因为一年下来，你能关注到皮肤现有的问题或有可能出现的问题。这避免了护肤最忌讳的浅尝辄止、不断改变的做法。制订一年的计划可以让你的皮肤有充足的时间恢复到最佳状态，这种缓慢而平稳的方法无疑会带来最好的效果。

现在，你要做决定了。

可以抽出多少时间？

老实说，每天早上和晚上，你准备并能够抽出多少时间来实施你的计划？你一年想在诊所预约几次？我的一些客户非常热衷于在家里尽情地护肤，另一些人则更喜欢定期来诊所。如果是在家里，基础护肤的时间至少需要 60 秒，最多 10 分钟，每天两次。大多数客户的一年计划中都会安排每月来一次诊所，有些人来诊所的次数更多，有些人则更少。实话实说，你能抽出多少时间？

恢复期要多久？

正如我在上一章所说的，引入更多的活性护肤成分，也就是那些真正有效的成分，比如化学去角质剂和维生素 A，会让你的皮肤在几周内变得不舒服，变得干燥，或者你可能会突然爆出几颗痘痘、脸部有轻微的潮红。一些再生和优化治疗也有这种情况——在接下来的几章中，我将详述这些问题，告诉你所有的副作用以及你可能需要多长的恢复时间。没有恢复期意味着你可以直接回去工作或参加娱乐活动，不需要刻意观察异常情况。而有恢复期的情况可能是脸部潮红 30 分钟，但红血丝部位用化妆品很容易就能遮盖住；也可能是注射后凸起小肿块，通常在 20 分钟至一周的时间内会经历肿胀、潮红和结痂的过程，最后完全消肿；还有一种可能，如果你的皮肤变得干燥、受到刺激，那是因为你在适应一项全新、有效的护肤计划，可能需要几个星期的时间去调整。我在描述每种治疗方法时都会告诉你相关的注意事项。

是否着急治疗？

有些客户希望更快获得显著效果，我有时确实会同意快速跟进。其中一些客户会接受为期 12 周的临床处方护肤系统，如使用欧邦琪焕肤系列（见第 135 页），它可以治疗熟龄肌肤和色素沉着。请注意，在实施这种时间紧迫的计划时，你可能会在最初几周内出现严重的皮肤干燥、脱皮和过敏问题。对于有些客户，我会直接采取处于金字塔顶端的优化治疗，比如注射肉毒杆菌毒素或者填充剂。但我还是想再说一遍，这是一个缓慢的保养计划——改变生活方式加护肤，再加上你将在第 6 章了解的面部保养——最终会给你带来引人注目的效果，让你看起来自然健康、容光焕发。

预算有多少？

你一个月到底能负担多少钱？在 50 多岁时，你通常需要比 30 多岁时花更多的钱。当然，预算可多可少，没有上限，也没有下限。在选择方案之前，我一般会询问客户目前在护肤方面的花费情况。

大多数客户来诊所都是想要快速解决问题，想得到让人看了会"哇"出声的治疗效果，这在最初看来确实是最划算的。但是，正如我已经讲过的，这并不一定具有最持久的效果。我们的目的是理智消费。

我通常会建议人们按照积极抗老金字塔的顺序来考虑治疗方案，因为如果生活方式和皮肤护理能让你的肤质越来越好，你就不需要更具侵入性、更昂贵的治疗方案了，而且治疗效果持续的时间也会更久。我在第 3 章谈到的关于改变生活方式的建议中，有两个改变是你在开始砸重金治疗之前就要做到的。第一，不要吸烟。你的皮肤讨厌它。否则即使治疗后也得不到你想要的效果，你看到的效果也不会持久。第二，不要晒太阳，要经常涂防晒霜，即使在冬天也一样。如果你正在治疗色素沉着，那就更要防晒。当然，防晒对治疗 5 大衰老问题都有用。

说到护肤的花销，对于没有特殊皮肤问题的人来说，只能大致估算。你可以每年花约 600 英镑购买 5 种基础护肤品，可以挑选比较便宜的品牌，例如 The Ordinary 或理肤泉，其产品的价格从 10 英镑以内到 40 英镑左右不等。我建议你在维生素 A 上多花点钱（详见第112 页）。我知道这个数字听起来可能已经算多了，但是想想你已经花出去了多少钱。最近的一项调查显示，英国人平均每年用于护肤品的支出在 500—1000 英镑。我的有些客户承认，她们每年的花费超过3000 英镑。没必要砸那么多钱，你花更少的钱也能买到优质的护肤品。

以下是你可以纳入年度计划的项目的预算，这个计划当然是基于你的生活方式医学和护肤步骤的。在第 6 章、第 7 章和第 8 章中，我将详细介绍每种治疗方案，包括确切的价格、治疗的时间和恢复的时间。

由于治疗的价格差异很大，而你需要去诊所的次数差别也不小，在知道细节之前很难估算你需要花多少钱。但我会给你一个大概的数字，这是我的客户来诊所的费用。

- 30 多岁时，你每年可能需要花费 1800 英镑。费用包括皮肤护理、3 次面部保养和 2 个阶段的肉毒杆菌毒素注射。

- 40 多岁时，你可能每年要花 4000 英镑。具体包括皮肤护理、

6 次面部保养、2 次再生治疗、注射肉毒杆菌毒素和填充剂。

- 超过 50 岁，花费可能高达每年 6000 英镑。具体项目和你 40 多岁时的一样，另外增加注射填充剂和再生治疗的次数。

应该从哪里入手？

遵循积极抗老金字塔的先后顺序是制订计划最有效的方法。

◆ **第一级：保养——门诊面部保养，包括一些无创的附加项目，以提高皮肤的亮度，维护皮肤健康**

通常有 3 个步骤：洁面、去角质和用活性成分治疗或提升。这听起来可能类似于你在沙龙或水疗中心做的美容项目，但就对皮肤的影响而言，维持面部保养是一个很大的进步。它不仅包含强有力的活性成分，还包含一种附加技术——使用微型针头或机头将这些成分注入更深的地方。此外还有 LED 光疗（见第 178 页），这种做法是为了促进皮肤的水合作用、改善循环和修复机制。

通常在诊所，我们会将面部保养和再生疗法结合起来，我接下来会谈到这一点。这些保养级护理的目的是提升你在家里使用的护肤成分的效果，做完保养之后，你在家护肤应该能实现面部护理的效果。

费用：95 英镑起，视具体治疗方案而定。

多久治疗一次？大多数情况下，每年 3—12 次，或者按需就诊。

◆ **第二级：再生——提升皮肤紧致度、饱满度和肤质的治疗方案**

这一阶段包括所有刺激皮肤新胶原蛋白和弹性蛋白生成的治疗。如果皮肤需要修复，例如需要改善弹性丧失或松弛问题，这些治疗方案堪称完美。它们的原理是引发皮肤的"愈合"反应。这听起来可能很奇怪，却是一种通过可控的损伤促使皮肤自我愈合的可行方法：成纤维细胞被唤醒，开始大量分泌胶原蛋白，治疗区域充满了生成新皮肤所需的所有成分。这种可控的损伤可以用微针来操作，比如医用微针或微型滚针，或者"皮肤活化剂"，即在整张脸上浅层注射微量的皮肤活化成分（如透明质酸）。或者通过加热的方法，利用射频、超声波和激光治疗产生的热量来触发愈合反应。

费用：200英镑到3000英镑不等，视具体的治疗方案而定。详情请翻阅第7章。

多久治疗一次？最常见的是一年一次，一共3—6个疗程。

◆第三级：优化——改变面部轮廓和比例的治疗法，以及去除过多色素（红色或褐色）和抚平皮肤纹路或皱纹的表皮修复治疗

优化治疗是金字塔顶端的制胜法宝，可以让你的脸瞬间发生明显的改善。有可能是注射肉毒杆菌毒素软化皱纹（见第208页），或注射面部填充剂，用于解决支撑结构和面部容积减少的问题（见第211页）。这类治疗也包括埋线提升，也就是埋入缝线，巧妙地收紧和提升面部（见第231页）；还包括激光，用于治疗严重的色素沉着（见第230页），以及红血丝和皱纹问题。我通常建议客户进行微调，按部就班地实施计划，而不是大刀阔斧地改头换面。

费用：170英镑起，上不设限。

多久治疗一次？差别很大，取决于具体的治疗方案。例如，通常是每4—6个月注射一次肉毒杆菌毒素，但也可能间隔时间更长。具体治疗方案见第8章。

年度计划是什么样的?

年度计划就像走进诊所的人一样极具个性。既然你知道了所有需要考虑的因素,你就可以根据自己的皮肤、预算和时间来定下未来你希望皮肤能达到什么样的状态。有些人到了冬天皮肤容易发红,有些人希望在夏天过后治疗色素沉着的问题,所以全盘考虑清楚,想想你计划什么时候去度假,想想你工作会有多忙,想想你明年什么时候会有一大笔开销。

最宽松的计划是为那些只使用护肤品的人设计的,下一个阶段可能是皮肤护理,再加上每两个月去诊所做一次面部保养。有些人除了这些之外,还要每年注射两次肉毒杆菌毒素。计划没有对错,找到最适合你的就行。

∫ 哪些治疗方案适合你?

现在我们来考虑一下你的计划。我之前说过,你所看到的和我所看到的,以及你和我对问题的看法,通常是有差异的……以下这些都是我遇到的最常见的问题,以及我应该如何解决这些问题。最理想的情况是皮肤护理和面部保养两手抓。

患者视角:疲惫、悲伤、生气的面容——"我看到的自己根本就不是我内心的自己。"

医生视角:我们太关注自己的脸了,我们会注意到别人不会注意的部位。不是说你看得不对,而是你看得太细了。

早在列奥纳多·达·芬奇时代,就已经有了衡量美的客观标准,对我来说,这是一个很好的切入点。实际上,我是想让你看起来更像你，但那是看起来很放松的你、自我感觉良好的你。我的审美评判集中在一张脸给人的整体即时印象上，也就是眨眼间给人留下的印象，因为我们要看的东西太多了，很难把注意力集中在一张脸上。

有很多医学美容技术可以简单而微妙地改变这种印象。例如，在眉尾或下颌周围注射少量智能肉毒杆菌毒素，可以消除疲劳或悲伤的表情，而不会留下治疗的痕迹。

——

患者视角：纹路和皱纹——"这条皱纹让我想起了我的母亲。"

医生视角：呸！皱纹的影响并没有你想象的那么大。影响更大的是不均匀的肤色（褐色和红色）与面部容积减少（通常在30多岁时，面中部开始扁平化）。但如果客户非要消除皱纹，或者如果皱纹太明显，可以注射填充剂或肉毒杆菌毒素进行治疗。例如，重度川字纹会让你看起来心情很不好，或者鼻唇沟（法令纹）会在面颊部位发生早期变化时非常显眼。

——

患者视角：皮肤纹理——暗沉、干燥、粗糙或幼态皱纹。

医生视角：光反射差。正如第1章所述，这是人们在35岁以后普遍面临的问题，但可以快速解决。解决的办法就是去角质。比起磨砂膏或刷子，我更喜欢化学去角质剂。也就是说，用化学酸性免洗去角质化妆水护理皮肤，并在面部保养环节添加功能更强大的去角质成分。去角质效果不错的皮肤不仅看起来更清爽，还会感觉更光滑、更饱满、更结实，所有的护肤品也都会渗透得更好、更均匀。双赢！

第4章有更多关于选择去角质产品的细节，第6章有更多关于面部保养的细节。

——

患者视角： 肤色——黄褐斑和红血丝。

医生视角： 皮肤需要防晒。如你所知，色素沉着或黄褐斑是你的皮肤在保护你。当皮肤察觉到威胁时，比如遇到紫外线，它就会产生黑色素——这种色素会让你晒黑。这是为了充当过滤器，保护皮肤深层的胶原蛋白和 DNA。遗憾的是，产生黑色素的细胞可能会变得超敏感，阈值非常低。

第一次来找我的客户中，有大约 80% 的人会用遮瑕膏来遮盖色素沉着和红血丝部位，但她们在治疗的过程中慢慢地就不再用遮瑕膏了。这就是我喜欢护肤的原因，它给了你不化妆的自由。可惜的是，消除色素沉着几乎不可能做到，而且也无法快速解决。但还是有一些很好的护肤产品和方案（见第 134 页），也有越来越复杂的激光疗法，它们更强大，恢复期也更短（见第 228 页）。至于红血丝，最受欢迎的治疗方法之一是用激光照射鼻子周围的红色血管 5 分钟，效果可以持续 6—12 个月（见第 230 页）。

———

患者视角： 皮肤松弛——从"皮肤不饱满或不紧致"到"皮肤松弛或出现双下巴"。

医生视角： 不紧致意味着失去弹性（真皮层）、面部支撑（骨骼）和面部容积（脂肪），然后导致松弛。注射填充剂虽然名声不怎么好，但完全有可能让一张脸重新焕发活力，而不需要彻底换肤。

有人整形很成功，你根本就看不出有什么变化。我们的目标不是给别人换脸，也不是把她们天生的脸型整得面目全非——别逼我开口聊这些——而是为了填补减少的面部容积。我们的目的是恢复比例，改变光反射——就像化妆能做到的那样。

———

患者视角："我的皮肤和脸现在看起来还不错，我想在 40 岁（或 50 岁、60 岁、70 岁）时状态也这么好。"

医生视角：可能性非常大。客户最常见的疑问是，怎样才能最好地保养皮肤和脸呢？首先，我会和你聊聊积极抗老金字塔，并制订年度治疗计划。

现在，如果你对某些治疗方法有了一丝兴趣，你就可以着手决定你的金字塔的组成部分了。第 6、第 7、第 8 章将告诉你什么样的组合在你的年度计划中最有效。

癌症

我注意到越来越多的女性来诊所前被诊断出患有癌症。她们告诉我，有太多矛盾的建议，她们常常遭受质疑——"你现在是否不应该去考虑整容这种事？"因为外貌显然不是她们当下需要面对的最重要的事情。但外貌确实重要。有一些安全的产品和治疗方法确实可以起到作用。是时候说出"拭目以待"这句话了。

本章要点回顾 ▼

⬡ 从肤质、手感到面部容积，什么都要考虑，还要进行评分。

⬡ 你给人的"瞬间印象"是什么？

⬡ 你觉得有问题的情况其实未必如此，因为你在镜子里看到的问题可能别人根本就没发现。

⬡ 开始考虑你是否想探究某些治疗方法，以及它们对你来说可能是什么样的——我会在接下来的章节中更详细地进行阐述。

⬡ 如实做好经济和时间方面的安排。

⬡ 考虑所有的治疗层级（活性护肤、面部保养、再生和优化治疗），并开始制订年度计划。

⬡ 不要给自己压力！选择一个自己能快乐执行的计划！

chapter

6

第 6 章

—

面部保养

欢迎来到积极抗老金字塔的面部保养层级。如果你想达到比护肤更好的效果，但又不想做美容手术，那就来做面部保养吧。正如你将看到的，这个层级与皮肤护理有关，但又不是你所了解的那样。这些面部保养是医疗级别的，根据你的皮肤定制，在美容诊所进行，使用活性护肤品，并借助定制的仪器或设备来完成。

美容院或商业街美容店铺可能在护理和补水方面做得很好，但它们对皮肤生物学或功能没有实际作用，因此效果并不持久，护理后皮肤提升的状态最多只能维持 5 天。

医学美容处理（并旨在纠正）的是皮肤结构和功能的变化以及皮肤的外观。它在细胞层面起作用，延缓衰老过程，促进皮肤的修复和再生，使容光焕发的状态能持续下去。

虽然医学美容从一开始就让人觉得价格居高不下，但好处也是巨大的，远远强过你在商业街体验过的那种短暂的提升效果。

医学美容的缺点是只做一次治疗是没用的。你可以免预约，随到随治。但如果你有慢性皮肤病，或者你有更严重的问题需要解决，最好还是先准备至少 4 周的时间，有时可以先护肤 12 周，并把面部保养作为年度计划的一部分。

适合人群：如果你想拥有完美的肌肤，超过 35 岁就必须进行医学美容，以改善肤质（干燥、暗沉的皮肤）、治疗敏感性和问题皮肤（油性、斑块和毛孔粗大）。

如果你想启动皮肤更新计划，应对季节性的皮肤变化，或者处理人生大事发生后皮肤状态的变化，例如产后、压力期，那就选择医学美容。医学美容也适合那些有慢性皮肤问题的人，而在商业街美容院做皮肤护理往往会使问题恶化。

如果你经常注射肉毒杆菌毒素或填充剂，而你感觉它们好像开始没什么效果了，医学美容也能给你的皮肤提供一些推动力。医学美容可以让（更为）光滑的前额和嘴巴周围皱巴巴的皮肤看起来更加和谐，也能让其他效果持续得更久。所以，如果你的皮肤本来是晶莹光润的，那么当皱纹重新长出来时，你就没必要急着去诊所。

不过，请记住，如果你决定斥资做面部保养，就不能把脸暴露在阳光下。医学美容会刺激皮肤，因此会增加色素沉着的风险，如果你的皮肤易于形成色素沉着的话。除非你每天都涂防晒霜，否则就是在浪费时间和金钱。

时间：快速面部保养可以在20—30分钟内完成，正常的面部保养则需要45—60分钟。如你所见，面部保养通常会与第7章描述的再生疗法相结合（主要是为了方便，是年度计划的一部分）。我的许多客户都会在预约注射前安排面部保养（第8章有详细说明），省得来两趟诊所。

不适感：无。客户可能没有被细心呵护的感觉，但感到非常满意。

恢复期：无。情况恰恰相反：你会容光焕发地走出诊所。

效果：一次治疗后，大多数人容光焕发的状态可以维持10天。3个疗程后，效果会持续一个月或更长的时间，到那时候你就会上瘾。

按照年度计划的安排，你通常每4—12周就要做一次面部保养。最好是每个皮肤周期做一次，也就是4—6周。每个人的皮肤周期是不同的，但你会知道什么时候需要再做一次，因为到那个时候你很可能需要化浓妆，要么是因为你想让皮肤更光亮，要么是因为你觉得皮肤需要遮瑕。

你也可以报名参加强化疗程，启动治疗计划或为重大事件做准备。强化疗程通常是每10—14天做3—4次面部保养，时间最好是在使用产品4周后。

价格：你的消费水平怎么样？通常来说，从你快30岁的时候开始，每年大概要做 3—6 次面部保养（每次最低价格是 65 英镑）。
在你 40 多岁的时候，理想情况下你一年要做 9—12 次面部保养（每
次价格从 65 英镑到 165 英镑不等）。如果你另外选择了下一章讲到
的再生疗法，价格可能会高达 200 英镑。对某些人来说，每月做一
次面部保养的效果是最好的。

∫ 面部保养包括哪些项目？

即使你已经做过治疗，每次去诊所还是要对皮肤进行评估，这
一点很重要。客户定期来做面部保养的时候正是进行皮肤评估的好
时机，也可以借机调整居家护肤模式。

面部保养要遵循 3 个步骤：洁面、去角质和治疗。如果你习惯
了面部美容，那么"治疗"部分通常会包括"按摩和保湿"，治疗
师会给你涂上各种精华液、面霜、面膜，再进行按摩。这种治疗功
能更强，效果也更明显。

洁面

第一步是采用先进的真空辅助淋巴引流技术，清除积聚在皮肤
中的毒素。你就等着一场深层清洁吧。在某些医学美容中，这个阶
段采用的是微晶磨皮，使用微小的颗粒去除外层死皮细胞。就像我
们在第 4 章讨论的物理磨砂膏一样，这对大多数人的面部皮肤来说
刺激性太大了，尤其是如果你长了痤疮或玫瑰痤疮的话。我更喜欢
皮肤修复磨砂仪，它会用水和特殊的真空吸头轻轻地粉碎污垢、碎屑、
化妆品和污染物。

不管你在家里把护肤工作做得多出色，每次做医学面部保养时，

你都会震惊地发现自己的皮肤表面竟然堆积了这么多污垢。（我们通常会收集起来给你看！）污染物、化妆品、新陈代谢产生的大量天然废物都被清除掉了。清洁后的皮肤会让日常护肤品发挥更好的作用，因为它们不需要那么费力就能穿透所有的死皮细胞了。最后的结果是，你根本不用浓妆艳抹了。

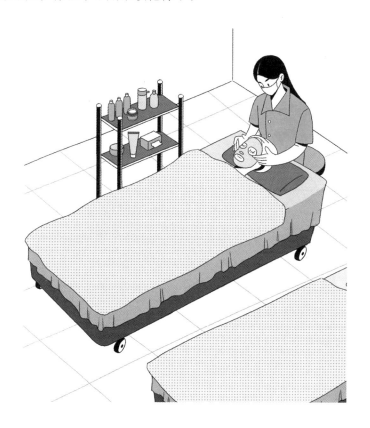

去角质

医学美容用的去角质剂肯定比你在家用的护肤品具有更强的去角质效果，非常值得期待。它具有常规的酸性去角质剂的所有优点——既能改善皮肤的光泽度，长期坚持也能改善皮肤的功能，还能让皮肤在第 3 个步骤"治疗"取得最好的效果。

去角质可以是脱皮，也可以是角质剥脱。脱皮听起来比实际情况要严重，尤其是如果你还记得《欲望都市》里萨曼莎皮肤发红、脱落的可怕经历的话。她用的其实就是化学去角质剂，和护肤品中的酸一样，只是浓度更高而已。脱皮使用的去角质剂的浓度和酸度将根据你的皮肤和你在家使用的护肤品而定。

角质剥脱是用刀片轻轻去除皮肤表面堆积的死皮细胞。这是一种物理去角质的方法，损伤风险比微晶磨皮要小得多。我们可以在脱皮之前先做角质剥脱，因为它可以让接下来涂抹的护肤品即刻更好地发挥作用，改善皮肤屏障结构和功能。

治疗

这一步用的是比护肤品浓度更高的活性成分，从而真正治疗更广泛的问题。所谓的活性成分就是我在第 4 章提到过的维生素、抗氧化剂、透明质酸和用于治疗色素沉着的美白成分。

治疗师会使用一种医疗设备让成分渗入皮肤，以获得更好、更持久的效果。可能会用手持美容仪进行皮肤注射。为了将成分输送到表层皮肤以下，可能会用微型针头进行浅层医学针疗，或者是用一种手持自动针刺设备"美塑仪"。更多相关内容见第 7 章（第 192 页）。这两种情况都不需要麻醉剂，因为根本不疼，偶尔出现的红色针眼（有时会在治疗结束后变得清晰）也会在 24 小时内消退。

面部保养将根据你的皮肤需求进行定制。常见的补充治疗是LED 光疗法，最常使用的是红光或红外光。这会刺激皮肤，支持皮肤修复和再生。

另一种补充治疗是低温刺激，包括用泵在全脸输送液氮 2—3 分钟，加快血液流动，使皮肤当即看起来健康而饱满。

在做面部保养时，如果你长了粟丘疹、出血斑或皮赘，我们可以使用射频针，利用热量除去它们。如果你需要根除，我们可以用水杨酸浸泡来软化毛孔内的死物质，然后用微型真空吸尘器将其抽出。这种做法避免了手动拔除带来的创伤。

面部保养最后会涂上防晒霜，如果有必要的话，还可以化淡妆，使用的是能让皮肤呼吸的医药化妆品品牌，比如 Oxygenetix。

个案分析：用护肤品和面部保养治疗色素沉着

34 岁的莎拉在举行婚礼前找到了我。她的诉求是希望肤色更加均匀。她觉得自己好像必须化妆才能遮住脸部的色素沉着。这种黑斑问题在深色皮肤中很常见，被称为炎症后色素沉着（PIH），当痤疮导致对抗炎症反应的黑色素激增时，就会发生这种情况。

莎拉几乎已经放弃治疗黑斑了，因为这些斑点已经困扰她很久了，一直得不到解决。所以，她并没有把它列为急需解决的问题。但如果不解决根本问题，治疗色素沉着就没有多大意义。我注意到莎拉下巴周围的黑斑更多。事实证明，这些黑斑与拔毛有关，她的皮肤会产生更多的黑色素来应对更多的炎症。我给她预约了一个激光脱毛疗程。

我还给莎拉的护肤品做了升级，加入了处方维生素 A 和免洗酸性去角质剂（α 和 β 羟基酸的组合）。（有关成人痤疮的类似皮肤治疗方案，请参阅第 138 页。）这两种成分都没有造成不良反应。她报告说，皮肤在最初 10 天出现了非常轻微的过敏，但很快就完全镇静下来。我还建议她每天涂上防晒霜。深色皮肤的天然防晒系数为 13，所以色素沉着还是可以由紫外线引起。

现在，她已经在家里用这些产品对皮肤进行了测试，我了解了她的皮肤对低浓度的各种成分的反应，她完全能适应在诊所做面部保养时使用高浓度的护肤品。

经过6周的居家皮肤护理，我开始给莎拉做医学美容和去角质治疗，以解决她的瘀血问题，并提亮肤色。在她婚礼前的4个月内，她提升了一个级别，接受了6次治疗。到了婚礼那天，莎拉对自己的皮肤非常满意：色素沉着大大减少，皮肤看起来既明亮又漂亮。现在，婚礼结束后，莎拉每6周做一次面部保养，并在家进行皮肤护理。

∫ 循序渐进的面部保养

这是一种典型的针对干性和缺水皮肤的医学面部保养，使用的是我常用的品牌海菲秀（Hydrafacial）。其他品牌大同小异。海菲秀可以提供强力水合作用和光波除皱，非常适合干燥、暗沉、被城市环境等因素伤害的肤色，也很适合解决粉刺、毛孔粗大或色素沉着等皮肤问题。离开诊所后，你会拥有亮眼的皮肤和清澈的肤色，这些效果通常是立竿见影的，会在1—5天内达到顶峰，并至少持续10天。如果治疗前你在家对皮肤进行了护理，或者你提前进行了常规治疗，效果肯定会持续更长时间——4—6周。这种皮肤护理方案适合所有肤质，包括敏感肌肤。

1. 评估。

2. 前期准备和洁面。

● 先进的真空辅助淋巴引流技术。

● 二次洁面。第一次是短时手动按摩。第二次用的是机械式皮肤修复磨砂仪，这是一种喷射水的喷嘴，可以轻轻地提起死皮细胞。

3. 去角质。

•借助皮肤修复磨砂仪去角质。使用专门的涡流尖嘴，为皮肤注入特制的羟基酸混合物（乙醇酸和水杨酸）。使用的去角质产品可以是针对敏感皮肤的温和去角质剂，也可以是针对色素沉着或肌理问题的"迷你脱皮产品"。

4. 治疗。

•借助皮肤修复磨砂仪进行治疗。水冲式的负压吸引是一种无痛、卫生的清除污垢和清洁毛孔的方法。

•抗氧化嫩肤。应用个性化的皮肤修复抗氧化剂混合物，如维生素 A 和维生素 E、绿茶和透明质酸。

5. 舒缓和补水。

•LED 光疗法。20 分钟的非侵入性定制 LED 治疗，刺激皮肤的自然修复过程，促进整体健康，并减少衰老和晒伤的迹象。

•如有需要，最后再涂上补水保湿霜和透气的化妆品——我用的品牌是 Oxygenetix。

6. 护肤计划和后续步骤。

•如果你没有做过皮肤护理，可以先在家实施 12 周的护肤计划，以达到最佳的效果。

•承诺时间：25—60 分钟（加上皮肤咨询和皮肤成像可达 90 分钟）。为保持肌肤健康，每 4—6 周预约一次。费用：165 英镑（快速护肤费用为 95 英镑）。

能量源仪器（EBDs）

你经常听到用激光这个词来概述各种技术：激光、光、LED 光疗和其他仪器。这很令人困惑，因为现在市面上有太多这类能量源仪器。所有这些技术的原理都是将某种能量——光、射频、超声波——推入皮肤中，然后通过受控热损伤触发"伤口愈合"反应。就 LED 光疗而言，这是一种不那么极端的刺激过程，称为光生物调节作用——这就是为什么 LED 光疗可以被所有人使用，你经常可以在美容诊所发现它的踪迹。LED 光疗是保养面部很好的补充手段。我将在后面的章节详细介绍我使用的其他所有能量源仪器。

LED 光疗

LED 光疗适合所有类型的皮肤，因为它不会带来疼痛，不需要恢复，也没有风险。LED 光疗可以解决皮肤老化的多种问题，比如皮肤暗沉干燥、红血丝、黄褐斑和细纹等。它唯一的缺点是耗时，因为 LED 光疗需要定期做才能达到效果。

除了在医学面部保养期间使用 LED 光疗，你也可以选择独立的疗程（每周两次，持续 4 周），给皮肤立竿见影的效果，这种效果可以维持 8—12 周。我们还会使用 LED 光疗处理术后反应（针疗、脱皮、激光），因为它会让效果加速显现，缩短恢复期。

不同波长和颜色的 LED 光产生的效果也不同：

●红光：抗炎，刺激新胶原蛋白的产生，触发线粒体层面的愈合，被外科医生在术后使用已长达几十年。

●近红外光：穿透力更强，可以提高胶原蛋白、弹性蛋白和透明质酸水平。对全身也有作用，可以降低皮质醇，增加血清素。这种光可以令人放松，感觉就像躺在沙滩上一样！我们还会把红光和近红外光混合使用。

●蓝光可以治疗痤疮。它会激活天然化学物质，破坏痤疮丙酸杆菌的细胞膜。对于激素性痤疮，除了护肤外，人们发现在经期前一周做 2—3 次蓝光治疗也是有用的。

●绿光可以调节黑色素的产生，如果你容易色素沉着，绿光可以帮助你保持肤色均匀。

∫ 去角质的优点

值得庆幸的是，那种咄咄逼人的"一次性"全面脱皮、让你脸上结痂的日子已经结束了。我之所以把去角质放在面部保养疗程里，是因为这是目前为止我最常用的方法，用于医学美容可以改善干燥、无光泽的皮肤。

在活性护肤那一章，你已经了解了去角质产品的主要成分，它是一种更强效或更浓缩的酸性去角质剂（见第 114 页）。在面部护理过程中，可以用纱布或面刷把它涂抹在脸上，让它发挥作用，然后进行中和（有些去角质产品会自我中和）。这些化学去角质剂是医学美容的主力产品，因为它们涵盖了金字塔的所有层级：护肤、保养、再生和优化。要根据其成分和使用方式选择具体用于哪个层级。它们确实物有所值。

关于去角质，我推崇的是浓度低、速度慢的方式。我的观点是，去角质保养不需要你额外抽出时间——只要几天时间即可，你的皮肤可能会出现干燥、暗沉或脱皮等小问题。与大多数人想的不一样，实际上，在出现明显的脱皮情况之前就已经达到了理想的去角质效果。去角质是渐进式的——治疗后的几天里，表皮上的死皮细胞在洗脸时会更容易脱落。这种温和而有效的方式可以代替你将在下一章了解的换肤激光。有些去角质产品可以治疗痤疮瘀血，有的还含有维生素 A。

去角质剂根据主要成分的强度可分为以下几种，最温和的在最前面。我一般不会用最强力的苯酚去角质剂。有些品牌确实有没那么刺激的家用去角质产品，但我说的是临床使用的。你的医生会告诉你最适合你皮肤的成分和品牌。

●苦杏仁酸。很适合夏天用的去角质剂。不是说用了之后就可以晒太阳，而是苦杏仁酸颗粒更大，渗透速度更慢，所以刺激性更小。较不敏感的皮肤出现色素沉着的风险较低。推荐：Enerpeel 苦杏仁酸产品（Enerpeel MA）。

●乳酸。这是我最喜欢的成分。它本身的 pH 值较低，因此你只需要用较低的浓度就能获得与乙醇酸去角质剂相同的效果，而且没有副作用。推荐产品：茱莉亚·T.亨特药妆皮肤理疗系列修复去角质产品。

●水杨酸。这是祛痘的钻石级去角质成分。大多数去角质成分都是水溶性的，但水杨酸是脂溶性的，所以能更好地穿透会产生大量皮脂的毛孔和皮肤。推荐：Epionce 的水杨酸焕肤产品。

●乙醇酸。我们还在使用乙醇酸，但它相对刺激，渗透速度快，所以会导致炎症。但它也能补水。推荐芯丝翠，这是我们诊所的首选品牌。

●视黄醇去角质剂。视黄醇去角质剂比大多数产品的穿透力都强，并且可以在涂抹后 48 小时内持续渗透。我最喜欢的产品是茱莉亚·T.亨特药妆的皮肤理疗系列。重要的是要先使用专门的护肤品以及 12 周的屏障强化成分，为此做准备。推荐：芯丝翠医用 A 醇去角质产品（Neostrata Prosystem Retinol Peel）或茱莉亚·T.亨特药妆专业强效去角质产品（Professional Strength Peels by Julia T. Hunter MD）。

●三氯乙酸（TCA）去角质成分。用于中度至深度去角质，这种成分有换肤的效果，可以刺激成纤维细胞的活性并修复真皮层，对治疗痤疮疤痕也有好处。推荐：诗婷泰格的中层活肤产品（Skin Tech Easy TCA）。每周一次低浓度去角质，持续 4 周，不要选择一次性高浓度去角质。

●苯酚（phenol）去角质成分。这是最强力的去角质剂。它可以实现换肤的效果，但你需要一个定期帮你去角质的医生。英国很少有这样的医生。这种去角质剂需要至少 2 周的恢复期。推荐：诗婷泰格的活酚产品（Skin Tech Easy Phen）。

适合人群：25—70 岁及以上人群。去角质通常用于治疗暗沉肌肤、痤疮和瘀血。针对上了年纪的人，去角质剂还可以治疗色素沉着和皱纹。它还适用于背部和手臂，用于治疗粉刺和"鸡皮肤"，也就是毛周角化病。如果你喜欢日光浴，打算去海滩，或者要去滑雪，无论你多么拼命地涂防晒霜，去角质剂都不适用于这些场合。

时间：15—30 分钟。

不适感：使用过程中有 1/3 的人会有不适感。有些人会有轻微的刺痛感，有些人则会感受到水杨酸持续 20 秒的温热。

恢复期：根据成分的不同，会出现不同程度的红血丝或脱皮的问题，恢复期在一周之内（除了苯酚去角质成分）。

效果：有些酸能立竿见影地让皮肤发亮，有些则需要 10 天甚至 4 周才能达到最大效果。深层去角质的效果甚至可以持续一年。我给所有客户的治疗方案中都有不同方式的去角质治疗。

价格：65 英镑起。通常一个疗程为 3—6 次，间隔 2—4 周。

个案分析：天生皮肤暗沉、起皱

38 岁的乔要求注射肉毒杆菌毒素，以治疗她所谓的"皱巴巴"的前额。我不认为她的前额有什么问题。其实，她更大的问题是皮肤看起来暗淡无光，深色皮肤通常都是这样的。乔告诉我，她是南印度裔。

我问了她护肤的事，她告诉我，她用湿巾清洁皮肤，还会涂抹一系列昂贵的精油、精华液和面霜。我立即禁止她使用湿巾，让她改用一套活性护肤品，就是你在第 4 章看到的 5 种基础护肤品。因为她喜欢按摩，所以使用洁面油对她很有效。随后，她使用了茱莉亚·T.亨特药妆护肤系统疗法，并根据需要使用了 Epionce 屏障支撑保湿霜（Epionce barrier-supporting moisturizer）。随着皮肤状况的改善，保湿霜的用量也减少了。在接下来的几周里，我给她用了一种酸性更强的去角质剂，接着又添加了维生素 A。

在初次咨询的几天后，乔做了第一次医学面部保养，正式启动了新疗法，并为使用新产品而积极护肤。之后，她每 6 周保养一次皮肤。几个月后，她又做了一个疗程的视黄醇焕肤。现在，乔的皮肤已经完全看不出晦暗的色调，变得饱满而滋润。她看起来光彩照人。她还在犹豫到底要不要注射肉毒杆菌毒素。

∫ 美容的真相

超级美容专家

近年来出现了很多新的美容专家，模糊了商业美容和临床美容之间的界限。像特蕾莎·塔尔梅、帕米拉·马歇尔、乔安妮·埃文斯和迪娅·阿约德勒这样的医生使用的是与诊所相同的方法，甚至是相同的成分和设备，但把它们与一些老式的奢华仪器结合在了一起。

这些都是很好的治疗方法。永远记住，如果综合美容计划中包括面部保养，那么最好的效果自然会出现，不要指望一次性美容能达到同样的效果。

微电流美容仪

微电流美容仪用于面部保养，以"锻炼"面部肌肉，暂时收紧和提升皮肤外观。它们已经存在了几十年，现在作为家用微电流仪器，越来越受欢迎——你可能听说过的品牌有 Nuface 和 Ziip。我很高兴我的客户能得益于这种效果，但皮肤外观的提升是暂时的，这是一种速度快、非常激烈的按摩。为了获得更持久的效果，你需要能量或热量作用于真皮层，收缩和重塑胶原蛋白和弹性蛋白纤维，刺激新的皮肤再生。在下一章，你会找到更多关于再生疗法的信息。

按摩面部

最近，在面部健身房（Face Gym）等公司的推动下，一种结合了按摩和皮肤注射的新型医学美容出现在大街上，效果非常惊人。

按摩可以放松肌肉，改善血液循环，从而为皮肤提供氧气和营养。当皮肤获得充足的水分和营养时，它的功能就会更加完善，看起来更加饱满、更加充满活力。按摩还能促进淋巴引流。淋巴是一种在全身的血管系统中流动的体液，它与血管是分离的。淋巴将废物、毒素和多余的体液从我们的身体组织中带走，净化和减少体液潴留。这种功能对玫瑰痤疮患者来说有积极的意义。

不过，为了累积的、功能性的（不仅仅是美容的）好处，按摩需要定期进行。长期来看，用力拉扯皮肤并不好。你可以按照产品说明，涂上洁肤乳、香膏或精油，在家里给自己按摩，疏通淋巴。

这就是重视私人专属时间和护肤仪式能给你带来好处的地方。如果你喜欢按摩用的小玩意儿，可以选择刮痧、玉石滚轮、莎拉·查普曼（Sarah Chapman）滚轮、治疗浮肿的冰滚轮；你也可以涂上精油，动动自己的手指进行按摩——只要合适，怎么都行。

快速面部按摩技术

涂抹洁面膏或洁面油后：

1.唤醒你的淋巴和你身体的废物处理系统。

●用你的指尖在耳后施加压力，慢慢地往锁骨方向滑动，重复3次。

●用两个大拇指在下巴下方施加压力，然后朝耳朵方向滑动，刚好沿着下颌骨下方移动，重复3次。

●眼睛周围的动作要轻柔。将手指（除小拇指外）放在眼下的眼眶骨上，食指放在眼眶骨的外缘，无名指靠近鼻子，然后轻轻按压，数到5再放手，重复3次。轻快地敲击眼眶骨，动作要非常轻柔，也可以用食指和中指左右来回移动。

2.减少肌肉紧张。

●皱眉肌。将手指（垂直）放在眉毛之间，用力按压，默数5下再松开。双手慢慢向太阳穴移动，从前额中部开始，一直按摩到太阳穴为止，重复3次。

●咬紧下巴，沿着下巴一边画圈一边按压（力量稍重，但不要拉扯皮肤），至少10秒钟。如果下巴肌肉紧张，能按压多久就按压多久！

●下巴。将两个大拇指放在下巴正下方，交替使用手指用力向下揉搓，至少10秒钟。

●下巴轮廓。将两个大拇指放在下巴正下方，其余手指呈扇形展开放在下巴上面，按住，默数5下后松开。稍微向上向外移动手指，然后重复。继续沿着下颌线移动，一直到耳朵下面，重复3次。

3.刺激血液流动。沿着下颌线和脸颊的轮廓向上扫，重复5次——如果有时间的话可以多做几次。

引入再生疗法

医学面部保养的第 1 步和第 2 步（洁面和去角质）对每个年龄段的人来说都是必不可少的保养步骤，而第 3 步（治疗）则有所不同。随着年龄的增长，根据你的皮肤状况，面部保养部分很可能涉及下一章将阐述的再生疗法。

本章要点回顾 ▼

✿ 并非所有的面部保养都是一样的。医学美容是有针对性的，并且是基于结果的。

✿ 需要投入时间、金钱和耐心。为了获得最大的利益，医学美容必须成为护肤计划的一部分。

✿ 详细的皮肤状况评估将有利于你的家庭护肤计划。

✿ 定期的医学美容意味着，你脸上或是为了皮肤焕发光彩，或是为了遮瑕的妆会越来越淡。

chapter

7

第 7 章

—

再生疗法

再生疗法是从深层改善皮肤，而不是拿纸包住火。治疗的目的是将皮肤提升到一个新的水平：不仅体现在肤质方面，也体现在积极抗老金字塔方面。

再生疗法的原理是以一种可控、不易觉察的方式损伤皮肤，目的是刺激皮肤的修复和再生功能，特别是促进新的胶原蛋白的合成。结果不仅是皮肤的功能得到提升，而且肤质也能得到肉眼可见的显著改善，皮肤会看起来更有光泽、更光滑、更紧致、更柔软、更滋润。再生疗法还可以改善皮肤的清透度和色调，减少红血丝和色素沉着，增加皮肤的弹性和密度，减少明显的皱纹和幼态皱纹，改善皮肤松弛，使皮肤看起来更加饱满。

虽然治疗过程通常并不痛苦，但也不会很享受。使用能量源仪器，如射频、超声波和激光时，热量会引发可控的损伤。医学针疗则是通过针刺控制损伤。还有一些治疗方法，比如使用针头的美塑疗法，它们引入了护肤成分，如维生素混合物或透明质酸（如 Profhilo 逆时针）、PRP 成分（吸血鬼美容）等"皮肤活化剂"，也会引发反应。PRP 成分是从你的血液中提取的，而不是合成的（见第 193 页）。在后两个类别中有很多交叉，比如针疗和皮肤活化剂，我们详细研究治疗方案时就会明白。

∫ 这些治疗方案对你有效吗？

谁做这些治疗受益最大？我几乎从来不向大多数客户推荐，除非是那些过了 35 岁的，有些人直到 40 岁我才向她们推荐。在你 30 多岁的时候，你应该看不出再生疗法有多大的功效，或者至少治疗效果并不明显，以至于你的朋友不太可能注意到你的脸发生了变化。

即使如此，在这个年龄段，某些治疗方法也是一种投资，只要你得到了好的建议，皮肤受到的刺激足以引发积极的长期反应，又没有引起太多的炎症。我会标明每种治疗的大致年龄限制，但是，对于所有这些治疗，从你 40 多岁开始，你肯定会注意到治疗后的回报。

你需要预约一个疗程才能看得出真正的效果，然后要进行定期的强化治疗。所以，就时间和金钱而言，都是相当大的投入。像往常一样，好的护肤品和面部保养应该是第一位的。有时，如果你的预算较少，你可能会选择做面部保养和美容注射，比如注射肉毒杆菌毒素（见第 8 章），而不考虑再生疗法。但如果你预算充足，再生疗法与注射疗法相结合是最好的，因为再生疗法会使注射肉毒杆菌毒素的效果维持更长的时间，或者允许使用更少的剂量，或者你的剂量不需要随着时间的推移而增加。再生疗法也可以消除那些只注射过肉毒杆菌毒素的人上半张脸光滑、下半张脸不太光滑的反差。

如果你吸烟，再生治疗起不到很好的效果。就像我前几章说过的那样，如果你要把皮肤暴露在阳光下，就需要非常小心地选择治疗的时机。由于治疗会刺激皮肤，你对紫外线伤害的阈值会降低。特别注意不要在滑雪和出海前预约治疗，因为这类活动无法避免被高强度的紫外线照射。如果你想把脸晒成古铜色，却还去治疗，往好里说是在浪费时间，往坏里说就是在加速衰老，尤其会导致色素沉着。

如果你想让皮肤看起来更年轻、更紧致，可以选择再生疗法。此外，对于那些常规注射的效果不如以前那样持久或不能产生同样令人满意的效果的人来说，再生疗法也是不错的选择。如果你有新的问题需要解决，比如幼态皱纹或皮肤下垂，仍然可以选择再生疗法。

再生疗法所需的一些仪器极其昂贵，所以治疗费用也不菲。但选择不同的治疗机构和不同的医生，所需的费用还是有差别的，例如，是选择治疗师、医学美容技师、护士还是医生，是去美容院还是诊所。目前的趋势是把这些治疗方法中的一种或两种和注射肉毒杆菌毒素之类的手段结合起来，以获得最佳效果，这将大大增加治疗的费用。

每种治疗的恢复期也有所不同。有些疗法是没有恢复期的——比如，人们在大型活动当天使用射频疗法，可以瞬间提亮肤色——有些疗法则会让皮肤在当天出现红血丝，到了第 4 天皮肤还会变得干燥。最糟糕的情况是红血丝可能会持续 48 个小时，皮肤看起来像被晒伤了一样滑稽，然后到了第 4—5 天，皮肤会紧绷或剥落。

所有再生疗法都可用于面部、颈部和胸部，还可以在必要时治疗其他部位。有可能的话，我会将再生疗法与第 6 章提到的面部保养相结合，目的是免得客户跑两趟诊所，而且这样一来，面部保养也能在治疗中发挥出最大的作用。下文提到的时间和价格仅涉及治疗，不包括医学面部保养的时间和费用。

∫ 哪种再生疗法适合你？

医学针疗：胶原蛋白诱导疗法

这种治疗方法也被称为"真皮层按摩法"，是指医生用细针制造微小的损伤，然后在真皮层中引起一种可控的伤口愈合反应，并产生新的 1 型胶原蛋白。胶原蛋白有 7 种类型，1 型胶原蛋白占真皮层的 80%，是最容易受到紫外线伤害的胶原蛋白。针刺还能增加皮肤厚度和水分含量。

医学针疗可以用滚轮或针刺笔进行。我更喜欢用针刺笔，尤其是 SkinPen，不过也有其他的品牌，如 DermaPen。SkinPen 获得了美国食品药品监督管理局（FDA）的批准，它在手持笔的尖端有一个针垫，里面有 11 枚针，每秒钟可以振荡 120 次。我发现，与滚轮相比，针刺笔在皮肤上移动时产生的拉力更小；此外，在调整针的深度时也更加精确，这对治疗脸部不同厚度的皮肤有好处。

适合人群：35 岁以上人群。针对皮肤暗沉干燥、皱纹略深、皮肤松弛、毛孔粗大明显、痤疮疤痕（不适用于活动性痤疮）、妊娠纹。

时间：30—60 分钟。

不适感：2/3 的人会有不适感。没有打麻药的人会有不适感。具体表现：中度刺痛或烧灼感，取决于针刺的深度和强度。对于有痤疮疤痕或者疤痕有加深迹象的人来说，麻醉剂绝对是必需的。

恢复期：取决于针刺深度。可能没有恢复期，也可能会有红血丝、皮肤剥落问题，至少 4 天才能恢复。

效果：一种神奇的疗法，可以唤醒皮肤，解决所有老化问题。即使是在受损最严重或有痤疮疤痕的皮肤上，情况也会有所改善。不过，要达到这种效果，你需要进行深度治疗，需要更久的恢复期。为了获得最佳效果，在治疗前要至少使用 6 周维生素 A，为皮肤接受治疗做好准备。

人们喜欢微针，因为它是自然疗法，也就是不需要注射任何东西。我确实喜欢把微针和溶液剂结合起来，这比用仪器刺激皮肤的做法更进一步。我可能会添加美塑疗法（见第 192 页）来引入肽和维生素混合物；或者 PRP 成分（富血小板血浆——见第 193 页）；或者增亮剂，如曲酸或氨甲环酸，以治疗色素沉着。对于更严重的晒伤（例如穿着低胸露肩领的衣服时造成的晒伤），我会将微针与 Profhilo 逆时针（见第 196 页）等透明质酸皮肤活化剂结合使用，有时在同一疗程中使用，有时在交替疗程中使用。

价格：你肯定要接受一个疗程的治疗，而不是一次性治疗。一个疗程共治疗 3—6 次，间隔 4—6 周，之后每 1—2 年重复一次。一次治疗的价格最低为 200 英镑。

居家微针治疗

我见过很多客户买了 Dermaroller 牌的微针在家治疗，但我建议还是要格外谨慎。我不是很支持这种做法。在家用微针，护肤品渗透的效果确实会更好，但微针真的适合你吗？你选择的微针是否对深层皮肤更有效？你确定它不会引起炎症吗？

我还担心经常使用滚轮会造成皮肤撕裂和慢性炎症等长期损伤，尤其是针头太钝，根本就不是医用级别的。最后，不管你怎么努力，你会发现，在家里几乎不可能复制美容诊所的卫生水平。我觉得微针治疗还是交给专业人士更好，毕竟他们最了解情况。

美塑疗法

美塑疗法是指利用一种非常轻的微针把活性成分深度导入皮下组织部位，比局部使用产品的效果更好。根据你的需要，活性成分可以是维生素、矿物质、酶、抗氧化剂和氨基酸等的特定混合物，其目的是让皮肤恢复活力和紧致。与医学针疗相比，其优势在于产品是被注射到皮肤中的，而不是通过针刺推入皮肤中——注射更干净，浪费也更少。该疗法也没什么痛苦，几乎没有恢复期，尤其是如果用的是"美塑枪"而不是手动操作的话。

注射的深度不是固定的，要么是非常浅的 1 毫米处，要么是在 2 毫米处（称为真皮浅层注射法），要么是在更深的 4 毫米处。我们通常会先进行深度注射来沉积成分，然后进行表层的注射来机械地刺激皮肤。

美塑疗法可以立即促进血液循环和水合作用，并刺激皮肤的新陈代谢，从而长期促进胶原蛋白和弹性蛋白的生成。夏末流行用维生素 C 和保湿透明质酸的混合物来补水和修复皮肤。你也可以用这种技术来注射 PRP 成分（见第 193 页）。

适合人群：30 岁以上人群。美塑疗法会让皮肤变得更紧致，但效果不如医学针疗，所以更适用于年轻的皮肤或皮肤保养。它有助于延缓皱纹和皮肤松弛，还能让缺水肌肤焕发光彩。

时间：30—45 分钟。

不适感：1/3 的人有不适感。人们形容这种不适感为刺痛、发痒，但可以忍受。不需要麻醉。

恢复期：不需要，只是脸部有轻微红血丝。

效果：治疗 48 小时后，皮肤会有光泽。这对 30 多岁的人来说是很好的治疗方法，但对 40 多岁的人来说就有点不合适了，除非是用它来运送更强效的成分，例如 PRP 成分（见下文）。

价格：每个疗程 200 英镑。头 2 次治疗间隔 1—2 周，4 周后进行第 3 次治疗。然后作为皮肤年度计划的一部分定期做，每 4—6 周做一次更安全。

PRP——又称为 "吸血鬼美容"

这种疗法的原理是用你自己血液中的生长促进元素——生长因子——来刺激新的、年轻的皮肤生成。该疗法需要从你手臂的静脉中抽取少量血液，然后在离心机中旋转，分离出血液中富含血小板和生长因子的部分。

这种疗法被称为 PRP，是富血小板血浆（platelet-rich plasma）的缩写。我们使用的仪器会制造 PRGF，即富血小板生长因子（Platelet Rich Growth Factor），因为一些研究表明 PRGF 的生长因子浓度更高。10 毫升血液可以提供 2 毫升透明富血小板溶液。然后我们会将 PRGF 注射回你的皮肤。可以用注射器手动完成，也可以用美塑枪，还可以用 SkinPen "针刺" 进去。

一旦进入皮肤，PRGF 就可以通过刺激皮肤再生来改善伤口愈合机制，包括增加成纤维细胞的活性，提高 1 型前胶原蛋白和其他生长因子的水平，以及更好地抵抗紫外线照射后的损伤。

这不仅是纯天然的，而且是一种有效利用身体自愈能力的方法，可以解决皮肤老化的 5 大问题——你有什么理由不喜欢呢？的确，它在美容领域还没有出现太多高质量的研究成果，却长期被运动医学用于治疗损伤，被牙科用于支持种植体。我在胸部和手部也看到了很好的效果，但最好还是与其他治疗方法结合使用，费用可能会很高。针对胸部，可以结合皮肤活化剂（见第 195 页）。针对手部，可以结合填充剂（见第 211 页）和强脉冲光（见第 230 页）来去除黄褐斑。

适合人群：40 岁以上人群。非常适合暗沉或缺水皮肤，也可治疗红血丝、色素沉着、皱纹和皮肤松弛。

时间：45—60 分钟。

不适感：使用美塑枪的群体中有 1/3 的人感到不适，使用 SkinPen 或注射器的群体感到不适的比例则是 2：3。

恢复期：只有在使用美塑枪的情况下才会出现轻微的红血丝。如果用微针，会出现红血丝，至少 24 小时才会消退，针眼可能 48 小时才会消失，还可能会造成擦伤。我更喜欢用美塑枪。

效果：治疗后 48 小时内皮肤有光泽，4—6 周内效果最佳。

价格：单次治疗 650 英镑起。共 3—6 次治疗，间隔时间 4—6 周。然后每 1—2 年重复一次。

水黄金（Aquagold）

也被称为"黄金微量注射面部美容"，是一种深受美国名人推崇的美塑疗法。这种手持美容仪有 20 枚小金针，可以戳入皮肤，将定制的精华液导入皮肤深处, 刺激胶原蛋白的生成, 并改善皮肤纹理。

精华液是水黄金最令人兴奋的部分, 它可以根据你的皮肤问题定制包括维生素和透明质酸、PRP (见第 193 页)、填充剂与肉毒杆菌毒素在内的多种成分。这种疗法非常适合那些不喜欢化妆的人。它能提高皮肤水分含量, 改善细纹和毛孔粗大, 还能平衡肤色, 治疗面部红血丝、玫瑰痤疮和色素沉着。

适合人群: 40 岁以上人群。价格昂贵但有效, 被称作针刺疗法的"王牌产品", 可以提亮肤色, 使皮肤达到饱满和发光的效果。

时间: 实际治疗时间 30 分钟, 包含抽血和麻醉时间则需要一个小时。

不适感: 1/3 的人会有不适感。

恢复期: 当天皮肤会出现轻微的红血丝。建议第二天早上之前不要化妆。

效果: 4—7 天内可见效果。它确实能给皮肤带来美丽的光感。含 PRP、肉毒杆菌毒素和填充剂的成分通常只在特殊场合使用, 因为其售价高达 1000 英镑。但有一种不太贵的填充剂和肉毒杆菌毒素的组合, 非常适合有颈纹的脖子和皱巴巴的额头, 尤其是在注射肉毒杆菌毒素这种传统疗法失效的情况下——第 211 页有更多相关信息可供查阅。

价格: 一次性治疗价格为 600—1000 英镑。根据不同的成分, 效果持续 2—6 个月不等。

透明质酸皮肤活化剂

这是透明质酸的浅层填充剂, 可以起到内部保湿的作用。透明质酸是一种神奇的保湿剂, 能在皮肤中自然生成, 但随着年龄的增长,它的含量会逐渐减少。可能会令人困惑的是，填充注射液也是由透明质酸制成的。但是你不能用皮肤活化剂改变面部轮廓或者抚平皱纹：它的厚度不够。皮肤活化剂可以在皮肤下扩散，能给皮肤补水，帮助皮肤恢复弹性，还能让皮肤变得光滑。

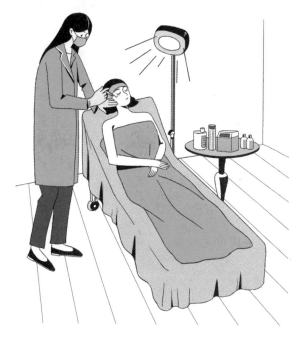

皮肤活化剂不是一个新概念，但颇受青睐——市面上有很多新产品加入。虽然瑞蓝唯瑅（Restylane Vital）是最早（2005 年）的皮肤活化剂，但 Profhilo 逆时针是我们诊所目前最喜欢的产品。整个面部只需要注射 10 针，如果你想治疗颈部，还需要再注射 10 针。你可能会在短短一周内看到效果，因为透明质酸微滴会迅速将水分吸入真皮。该产品会在一个月内分解，然后产生更持久的影响（生物活化），刺激新的胶原蛋白和弹性蛋白的生成。通常需要在 4 周内进行第二次治疗，以确保新的胶原蛋白和弹性蛋白能真正生成，你的脸就此改观的效果可持续长达6个月，颈部效果至少可保持4个月。目前市面上没有其他产品比这款产品治疗颈部细纹的效果更出色，你来回转动头部就会注意到颈部皮肤的变化。这款产品同样可以治疗人在放声大笑时出现的手风琴纹，也能治疗嘴巴和下巴周围早期出现的凹陷。我更喜欢使用"拉扯力"较小的产品，如"RHA1"或viscoderm[1]，来治疗"条形码纹"，即上唇上方的垂直线。

适合人群：40岁以上人群。尤其适合干燥缺水的皮肤。确实能使皮肤变得饱满，减少皱纹，并稍微改善皮肤松弛。非常适合治疗颈部细纹。除了脸部和颈部，我还把它用在松弛的腹部皮肤、膝盖和肘部皮肤上。

时间：15分钟。

不适感：2/3的人或全部人都有不适感，具体情况取决于使用的品牌。Profhilo逆时针的痛感最强烈，面部、颈部、胸部需要各注射10针。每次注射都感觉像被蜜蜂蜇了一下，刺痛感会持续大约15秒钟。离开诊所时你的脸上还会留着明显的肿块，遮都遮不住。这些肿块通常只会在脸上停留几个小时，但颈部和肩部的肿块可能要3天才能消除。瘀伤和浮肿也有可能出现，但并不常见。

恢复期：皮下肿块持续时间3小时至3天不等。

效果：视产品而定，持续时间4—10个月不等。几乎所有40岁出头的人都可从中受益。它能给你的皮肤带来明显的提升，让你的皮肤变得丰盈水润，还能改善皮肤的弹性。从根本上说，效果是物超所值的——对一些人来说，这更像是一次挥霍。在你注射填充剂之前，或者如果你只是想要皮肤变得平滑而不是改变脸型的话，这

---

1 | IBSA制药公司旗下一款皮下注射系列产品，有助于恢复皮肤组织的支撑结构，从而提亮肤色、恢复皮肤弹性和紧致度。

也是一个很好的选择。

价格：每次治疗 390 英镑起。Profhilo 逆时针可能需要等一个月才能再次使用，因为我们建议客户第一次就选择双重治疗。然后每 4—6 个月进行一次常规治疗。我的许多客户每 4 个月就进行一次，同时还要注射填充剂。

激光

市面上有相当多的激光可用于皮肤再生。我使用的是激光创生（Laser Genesis，又叫"Gen-V"），这是一种非剥脱性点阵激光，可以让皮肤快速愈合。有一个拥有类似技术的品牌叫可丽肤（ClearLift）。这种激光可用于治疗轻度皱纹、细纹、光老化、肤色不均和轻度皮肤松弛，同时细化毛孔。除了与化学换肤相似的几乎即时显现的好处外，它的目标还包括刺激新胶原蛋白的产生，同时重塑和改善现有胶原蛋白的结构和功能。这种激光比医学去角质更有优势的是没有恢复期。

适合人群：30 岁以上人群。使用于脸部和胸部。我喜欢把激光与去角质剂和皮肤活化剂结合使用，包括 PRP 成分。

时间：30 分钟。

不适感：1/3 的人有不适感。有轻度发热的感觉。

恢复期：无。

效果：立竿见影，特别是能提亮肤色，减少红血丝。45 岁后，你可能不会在离开诊所时看到让你直接"哇"出来的效果，而且治疗红血丝的效果不会像强脉冲光那样持久，所以它的效果可能不是最好的。但使用激光没有恢复期，如果你对化学换肤有所顾虑，这是一个不错的选择。

价格：每次治疗费用为 200 英镑。

射频（RF）

在治疗过程中，手持枪将能量导入皮肤，把皮肤温度加热到 38℃—40℃。这样能温和地刺激真皮层的活动，并使皮肤产生新的胶原蛋白。射频主要用于收紧和提升面部轮廓，也能让皮肤焕发光彩。整个面部可以在 30 分钟左右得到治疗，没有恢复期——这就是为什么射频在大型活动之前很受欢迎——效果可以持续 4—6 周。

适合人群：35 岁以上人群。

时间：30—45 分钟。

不适感：没有不适感，也可能有 1/3 的人会产生不适感。大多数人都说治疗的过程很放松，就像热石按摩一样，只是某些部位偶尔会有发烫的感觉。

恢复期：无。

效果：即使只做一次治疗，也能使皮肤瞬间焕发光彩，效果可持续数周。这是一种令人惊叹的即时提升技术，效果明显，可以媲美一次手法惊人的面部按摩，但可以持续几周的时间，而不止几天。因为热量会刺激胶原蛋白重塑并激活成纤维细胞，所以皮肤结构和功能的改善将持续更长的时间。

价格：240 英镑。为了达到最佳效果，需要进行 3—6 次治疗，间隔时间为 4—6 周。然后要么定期加强治疗，要么每 1—2 年重复一次疗程。

射频微针

这是常规射频治疗的进步版本，通过改善皮肤松弛和皮肤纹理来提高皮肤的紧致度。我们使用的仪器叫作 Morpheus 8，它通过涂层针向皮肤发射射频能量。这种技术可将能量导入皮肤深处，让皮下脂肪组织重塑、真皮收缩，新胶原蛋白、弹性蛋白和血管形成。

适合人群：45 岁以上人群。

时间：45 分钟。

不适感：2/3 的人有不适感——必须实施麻醉。

恢复期：72 小时内可能会出现挫伤、红血丝和小黑斑等问题，具体情况因治疗强度和治疗部位而异。颈部和肩部可能更敏感。如果你希望副作用更轻一些，那就选择更长的疗程，治疗 2—3 次，间隔时间为 6 周。

效果：全方位紧致肌肤。对于脸部下方、脸颊和颈部早期松弛有不错的疗效。

价格：每个疗程的费用最低为 800 英镑。最好是做 2—3 个疗程，然后等一年再重复一次。

个案分析：不用化妆

47 岁的凯伦 12 年来每年都会来诊所找我两三次。她通常在暑假和圣诞节过来。她是一名职业女性，从事辩护律师的工作，所以她每天都得精心打扮。她不喜欢在休息时间化妆，所以希望通过治疗让她的皮肤看起来干净健康，这样她就不用化妆了。

在我看来，凯伦的肤色是典型的白里透红，肤质非常细腻。她的皮肤看起来还是很饱满的，而且富有光泽。她热衷于护肤，每天都涂防晒霜，所以才能一直保持良好的皮肤状态。她在生活方式上也相当自律。她的工作压力很大，所以她知道自己必须控制压力，不仅要吃得好，还要保证睡得早。

每次度假前两周左右，凯伦都会来诊所接受射频治疗，刺激皮肤产生新的胶原蛋白，快速提升脸部肌肤，让自己容光焕发。她可能还使用了皮肤活化剂，特别是 Profhilo 逆时针，目的是让自己的皮肤变得光滑。尤其是在去海边度假之前，这种治疗方式有助于防止皮肤变得干燥、浮肿。她只需要在眉间和眼睛周围的皱纹部位注射少量的肉毒杆菌毒素，因为她的皮肤整体看起来很清爽。凯伦告诉我，只要去美容院染好睫毛，她就准备好去度假了。她非常喜欢在回去工作之前不需要化妆的感觉。

微聚焦超声（MFU）

这是最令人震撼的紧致肌肤的技术。这种超声波可被输送到皮肤和浅表肌腱膜系统（SMAS，连接面部肌肉和真皮的纤维组织，可以在治疗中得到提升和缝合），所以它既能收紧又能提升皮肤。你可能听说过的品牌有奥赛拉微点聚焦超声治疗仪（Ultherapy）、时光梭（Ultraformer）或 Ultracel 超声刀。

其原理与射频类似，它感应热量，在深层真皮和皮下组织中产生可控的损伤，而不触及表层皮肤。它会加快细胞更新，刺激新的胶原蛋白的生成，从而使有细纹和皱纹的皮肤变得饱满、紧致和光滑。

但它也有一些缺点。微聚焦超声价格昂贵，这种仪器用起来很费钱，而且结果不像肉毒杆菌毒素和填充剂那样始终如一或可预测。把你的想法告诉医生，因为效果惊人的治疗方式不一定就适合你。面对每一种效果惊人的治疗方式，都会有至少 10 个客户没有被打动，所以客户的选择才是关键。

治疗效果也可能取决于从业人员的技术。他们需要在观察皮肤层的同时不断调整治疗方案，因为超声聚焦的深度因人而异，也因面部的不同部位而异。

由于价格昂贵，它被错误地当作一次性治疗或优化治疗。我更愿意将其视为一种再生和投资疗法。它确实需要经常重复才能见效。

适合人群：45 岁以上人群。

时间：60 分钟。

不适感：2/3 的人有不适感，也可能全都有不适感。自推出以来，这种技术已经被弱化了，因为在最佳强度下，它对大多数人来说都太痛苦了。

恢复期：通常没有。偶尔会肿胀。

效果：如果适合你，效果就令人惊艳。术后 12 周内皮肤光滑紧致。

价格：小面积的治疗费用 500 英镑起，例如提眉。全脸最低费用 2000 英镑。建议每年治疗一次。

提可塑（Tixel）

虽然我把提可塑放在再生疗法这一章，但它其实既适合放在这里，也适合放在下一章"优化治疗"。这是另一种通过诱导损伤来促进胶原蛋白生成的治疗方法，通过机头发射的每一束能量都会在你的皮肤中产生多个微通道，这会刺激周围健康、未经处理的皮肤产生愈合反应。

提可塑可以在低能量下使用，其效果类似于上文提到的可丽肤或激光创生治疗。但当以更高的强度使用时，它实际上会在刺激皮肤的同时换肤。这就是我所说的优化治疗，因为它特别擅长治疗皮肤粗糙和细小的皱纹，比如眼睛下面的细纹、延伸到脸颊的鱼尾纹，或者出现在嘴巴周围类似于条形码的皱纹。

适合人群：40 岁以上人群。

时间：20—30 分钟。

不适感：1/3 或 2/3 的人有不适感。如果你选择高强度，就需要实施麻醉。

恢复期：高强度需要恢复期，出现黑斑和肿胀的情况需要休息3—4天。如果没有这些问题，就不需要休息。

效果：每6—8周需要2—3次重复治疗。

价格：用于更高强度的治疗，价格从400英镑（仅限眼部）到1000英镑（全脸）不等。

美容补充技术快速指南

我们经常将再生（和优化）疗法与面部保养相结合，以达到最佳效果，方便又划算！不过，这需要仔细地制订计划，并事先咨询清楚。

暗沉、干燥	1.去角质：脱皮、皮肤修复磨砂仪、刮脸 2.补水：医学美容、真皮导入、表皮微针、美塑疗法 3.舒缓：LED
红血丝	激光创生、强脉冲光＊、LED
色素沉着	强脉冲光
皱纹	微针、美塑疗法、水黄金
松弛	皮肤活化剂、射频皮肤紧致
黑头	通过皮肤修复磨砂仪手动去除
粟丘疹	射频微针
毛孔粗大	提取物、针刺、水黄金、肉毒杆菌毒素＊

＊强脉冲光和肉毒杆菌毒素属于优化治疗，将在下一章介绍。

本章要点回顾 ▼

☀️要想钱花得值，你必须保证能做到定期积极护肤和面部保养，然后再实施再生疗法。

☀️再生疗法的原理是从深层改善皮肤，从而减缓衰老过程。

☀️别迷信快速修复法！根本就不存在。

☀️再生疗法不是下一步（优化）治疗前必经的阶段，却能帮助你获得最佳效果。

chapter

8

第 8 章

—

优化治疗

人们来找我，希望肉毒杆菌毒素能像铅笔头上的橡皮一样，擦掉她们脸上的皱纹。我告诉她们，肉毒杆菌毒素只会软化皱纹，要想皮肤完全修复，需要的是时间和全面的皮肤护理与治疗方案，她们听了之后往往既失望又宽慰。

我解释说，如果你尽早注射了足够多的肉毒杆菌毒素和填充剂，确实可以抚平所有的皱纹，但我不会这么做，因为这么做会抹掉你所有的个性，让你看起来像个蜡像。我不赞成让一个人改头换面的做法，我从来不想剥夺一个人表达情感的能力。

好的治疗应该是给客户与生俱来的美丽添砖加瓦，无论她的诉求是什么，都要让她感觉到自己变得更美丽、更性感、更亮眼、更光鲜了，不再像以前那么憔悴。所以，我把这个阶段叫作优化，这个阶段就在积极抗老金字塔的顶端。

优化的具体内容包括肉毒杆菌毒素，也包括其他类别的注射剂、填充剂。我还将提到一些能量源仪器疗法。前一章提到的能量源仪器是关于刺激皮肤再生的，而这一章提到的能量源仪器是关于消除损伤迹象和修正皮肤的，特别是治疗蜘蛛状静脉曲张和色素沉着，同时也有平滑表皮纹理和皱纹的功效。

我看到人们对美容治疗的看法有了缓慢但积极的转变。在这个行业里，僵硬的额头和斯波克式眉毛[1]的造型正在发生改变。我们早就不再认同哈利街[2]那些守旧的男性整容医生眼中的美了。

我以打造简约自然的外形而闻名。我的做法是根据每个人的脸型制订计划，彰显她们的个性。你也知道，我关注的是整个面部，而不是某一条皱纹。治疗要成功，关键在于瞬间印象，也就是你的

---

1 | 斯波克（Spock）是《星际迷航》系列电视剧的主角之一，眉尾上挑是该角色的一大标志。

2 | 哈利街（Harley Street），伦敦市中心街道，很多私人医生在此设立门诊。

脸在"眨眼"间给人留下的印象：脸型、表情、肤色和清透度。能量源仪器能在其中发挥重要作用，既可以单独使用，也可以与注射剂一起使用。

我希望你在离开诊所时看上去心情愉悦。因为没有所谓的抗衰老，我们都会变老，而美容能带给你的改变是让你觉得自己变得更像自己了。

正如我在整本书中所说的，只有当你把金字塔底层的基石都打扎实了，特别是生活方式（第3章）、活性护肤（第4章）和面部保养（第6章）这些基础工作都做到位了，让皮肤处于良好的状态时，你在金字塔顶端投入的钱才会带来最好的效果。

我想强调的是，这个阶段绝不是强制性的——我见过的那些最漂亮的面孔中，有些根本就没有人工雕琢过。写这一章的目的是让你知道可以做什么，让你明白其中的风险和收益，这样你就可以在制订自己的积极抗老计划时做出明智而可靠的决定。

∫ 全新外貌"调整"

肉毒杆菌毒素问世于30年前，一出现就成了化妆品市场游戏规则的改变者。在肉毒杆菌毒素之前，唯一的选择是外科手术或脂肪移植，这两种方式通常都会带来一种独特而不讨喜的美感，样子看上去不是像被大风刮过，就是像刚从洞穴里爬出来的。

即使是肉毒杆菌毒素最初的效果——僵硬的半球形前额和过度拱起的眉毛——现在看起来也过时了。填充剂也是如此。随着时间的推移，填充剂的应用发生了根本性的变化——以前是把某条皱纹填平，现在是改变脸部的轮廓和比例。即便如此，不良信息和失败的案例还是层出不穷。所以，一旦那些有过失败经历的客户找到我，我就得挽救她们那一张张被注射了过量肉毒杆菌毒素和填充剂的脸（见第218页）。

我注射的目的不是要消除衰老的迹象，而是进行调整，让这些迹象看起来更自然、更不起眼、更清新、更紧致。就像积极抗老金字塔的每一个层级宣扬的，目标是强化你的个性，而不是让你看起来更像别人眼中的"美人"。

就像我在诊所见到的大多数女性一样，你可能会把来接受治疗视为迈出了一大步。我的客户从考虑预约到实际上门平均要花2年时间。埃兰热－马丁等人2015年对1000名女性进行的一项研究发现，尽管50%的人考虑过注射治疗，但只有10%的人做出了行动。如果你从未接受过治疗，你可能会有很多疑问，包括治疗可能会出现什么问题，以及如何才能达到最佳效果。我已经介绍了肉毒杆菌毒素和填充剂的大概情况，但我认为，帮助你了解必要信息的最好方式是回答我每天被问到的最常见的所有问题，这些问题我将在第220—227页给出解答。

我把事实告诉你，你就能更好地了解注射剂的功效与不足，我还会告诉你为什么会经常出现那些问题。

重要的是，有时候只需要对脸部做一些细微的改变，就能让你给人的瞬间印象从消极的——也许是怒气冲冲、表情严肃、担心或悲伤——转变成充满活力、健康而积极的。你给人的瞬间印象就是我判断治疗是否成功的依据。

肉毒杆菌毒素（BTX）

这种注射疗法效果显著，其安全性也得到了公认。肉毒杆菌毒素的工作原理是削弱过度活跃的面部肌肉，从而软化由此产生的皱纹。尤其是上半张脸，你所看到的皱纹，其主要成因是重复的肌肉运动导致磨损和撕裂，进而表现为皱纹。注射肉毒杆菌毒素可以减缓整个过程。

效果最明显、最惊人的要数治疗眉毛之间的垂直线，通常被称为"11"，这种皱纹是由向下皱眉引起的。次有效的部位是由开怀大笑导致的鱼尾纹。扬起眉毛则会导致额头出现水平线。你可以软化这些皱纹，但需要技巧，得用微针轻轻触碰。毕竟，你想消除的是常驻眉间的皱纹，而不是脸上的表情。

注射肉毒杆菌毒素对下半张脸也有好处——效果取决于你的脸——可以提升嘴角，抚平下巴，让下颌线和脖子看起来更紧实。但有些人并不认为肉毒杆菌毒素对下半张脸有什么好处。

保妥适已经成为肉毒杆菌毒素家喻户晓的名字，但实际上，它只是化妆品市场推出的第一种 A 型肉毒杆菌毒素的品牌名称。在收入增长方面，预计保妥适的收入将从 2017 年的 38.4 亿美元增长到 2023 年的近 80 亿美元。保妥适与德国肉毒 [Bocouture™，也称为西马肉毒（Xeomin™）]、丽舒妥 [Azzalure，也称为吉适（Dysport™）]是英国市场上的三个主要品牌，每个从业者可能都有自己的品牌喜好，但其实三者之间的差异非常小。

肉毒杆菌毒素必须由医生开处方，但任何人都可以注射（不是你想的那样！）。1989 年，美国食品药品监督管理局首次批准其用于治疗斜视，并在医院医学中使用了几十年。它也被用来治疗尿失禁（通过注射到膀胱）、偏头痛和肌肉僵硬。30 年来，它一直在"未经许可"的情况下被用来治疗皱纹。它于 2002 年被正式批准在美国用于化妆品。

肉毒杆菌毒素失效的概率非常非常低，我在 15 年里只见过 3 例没有任何治疗效果的病例。有一种副作用较为常见——我一年最多看到过 10 个病例——即效果比预期消失得更快，即使增加剂量也没有用。我发现这个问题有时可以通过更换品牌来解决，但目前还没有这方面的研究。

如果你担心效果不佳，或者效果不是你想要的，那就要看医生的技术了。把适量的产品放在正确的地方是需要技巧和经验的。你不会想要一个不合格的医生，他每天用流水线的模式应付 20 个客户，在每一张脸上的同一个地方注射肉毒杆菌毒素。你希望有人在注射前观察你的整张脸，包括你做表情时脸部的状态，即使只治疗一个部位，他也会随访，并利用收集到的信息来调整你接下来的治疗方案。

现在的趋势是使用的剂量比以往更低，因为你真的可能会注射过多的肉毒杆菌毒素。特别是当你上了年纪时，注射太多肉毒杆菌毒素会使眉头变平，你的脸会局部发光，这反而会让细纹看上去很明显，并凸显其他部位的松弛。

我对开始注射肉毒杆菌毒素的年龄持谨慎态度。我通常不接待 30 岁以下想要注射肉毒杆菌毒素的客户，除非她们的脸上长出了深深的皱纹，并因此在心理上受到了伤害。但我建议在皱纹变深之前就注射肉毒杆菌毒素。你可能会惊讶地发现，我通常会随着客户年龄的增长而减少在其上半张脸注射的剂量。这么做是为了确保随着下半张脸的衰老，上半张脸看起来不会显得突兀，或者你的表情不会显得太呆板。其实，我通常不会给 40 多岁的客户注射前额区域，当然，这取决于客户的面部结构和诉求。如果你的眼睛没有被松弛的眼皮挡住，眼神里也没有疲态，或许仍然可以在前额注射少量的肉毒杆菌毒素。

我最喜欢的肉毒杆菌毒素技术之一是"零星小雨"。这是滴在皮肤表面的滴液的名称，这样它就不会削弱肌肉的所有层面。它可以在保证不影响面部表情的同时软化皱纹。

我以灵活的手法闻名，如果客户——或是她们的医生——注射了过量肉毒杆菌毒素，她们确实会来找我。我主张动态注射肉毒杆菌毒素，皱纹会因此被软化，而表情不会受到影响。我会放大看面部的整体印象，而不是查看每一条皱纹。

适合人群：30 岁以上人群。主要针对川字纹、额头皱纹和鱼尾纹。对下半张脸也有治疗的功效，例如嘴角下歪、下巴紧绷、凹凸不平以及明显的颈纹。

时间：15 分钟（重复治疗）。首先清洁皮肤，然后标记注射点。注射本身只需要几分钟就能完成。注射确实有点刺痛，但只在注射的那一刻才会有感觉。注射次数最少 3 次，最多可达 30 次。

不适感：1/3 的人有不适感。

恢复期：注射后可能会出现小肿块，但会在 15 分钟内消失。效果大约需要 5 天才会开始显现，有时可能需要 2 周的时间。

效果：效果持续 2—6 个月，依使用剂量和治疗部位而定。即使剂量非常大，鱼尾纹的治疗效果通常也只能持续 3 个月。而川字纹的治疗效果可以持续 6 个月。

价格：270 英镑起。客户通常每年来诊所 3—4 次。

透明质酸填充剂

我们已经在前几章了解过透明质酸，它既天然存在于皮肤中，是一种保湿护肤成分，又是皮肤辅助治疗的重要成分。填充剂是简单的透明质酸制成的液体凝胶植入物，注射到皮肤深处。它可以注射进脸上的任何部位，最常见的是嘴唇、脸颊、太阳穴、嘴巴周围、下颌线和下巴。

水状稠度的填充剂非常适合填充表面细纹和皱纹，如垂直唇纹和眼角的鱼尾纹。更厚、更黏稠的填充剂则更适合提升和塑造脸颊、下巴和下颌的轮廓。

注射后的效果立竿见影——所见即所得。你的皮肤会在透明质酸周围形成一个网眼，然后它就成了皮肤的一部分。一开始可能会出现肿块，但从大约第 4 天开始，应该就不会有什么感觉了，除了能感觉到皮肤的密度增加了，连在哪个部位注射的都感觉不到了。

然后，在接下来的几个月，有时是几年内，填充剂会被重新吸收到体内。一些较老牌的填充剂，如瑞得喜微晶瓷（Radiesse）或舒颜萃（Sculptra），会通过刺激更多天然胶原蛋白的产生而变得饱满。虽然这个原理非常吸引我，但我更喜欢透明质酸，因为可以通过注射透明质酸酶立即溶解它。不过，透明质酸填充剂也会在一定程度上刺激胶原蛋白，这就是为什么它的效果比实际产品在你皮肤上持续的效果更持久。

由于填充剂不是处方产品，所以对产品或从业者都缺乏有意义的监管。在美国，产品确实需要获得美国食品药品监督管理局的批准，但在英国，医疗器械只需要 CE 标示[1]即可。而且我说过，谁都可以执行注射。所以，所有的责任都在你身上，你要找到合适的从业者和合适的填充剂。我建议你找一个有资质的医生，你要足够了解他的工作并且信任他（见第 227 页）。

过敏之类的严重并发症很少会出现，但如果有必要，最好还是找一个有能力溶解填充剂的医生。并不是所有医生都提供这种服务。

---

1 ｜ CE 标示（CE Mark）是产品进入欧盟境内销售的通行证，意为"符合欧洲标准"。产品带有 CE 标示，表明该产品符合欧洲与健康、安全和环境保护相关的法律所规定的基本要求。

还有迟发性过敏的小风险，即身体排斥异物，患者在治疗后几个月内出现治疗部位浮肿或肿胀的症状。这是可以治疗的，但有时需要注射类固醇，这必须由医生完成。还有个更严重的并发症是填充剂堵塞或压迫血管，谢天谢地，这极少发生。最危险的部位是鼻子周围，所以，在我们诊所，只有受过外科培训的医生才能治疗这个部位。

我在诊所见到的来我这里溶解填充剂的客户中，有很多人都有产品放置不当的问题，这是比较常见的情况。常见部位是唇部，但也有在脸颊上的。记住，如果你真的希望治疗后看起来像你自己，微妙的差异才是关键。我坚信用最少剂量的产品可以获得最大的助力和效果。

使用填充剂，比例才是关键。我从不把某个部位（比如脸颊或嘴唇）从整张脸上孤立出来。我总是会牢记脸部是如何传情达意的，牢记面部的表情，从各个角度观察脸部，而不是把静态的照片当成最终呈现的效果。

市面上有一系列非常混乱的不同品牌的填充剂，还不断有新品发布。在我的诊所，我们几乎都使用透明质酸填充剂，以此保证一致、可预测的效果，主要使用的英国品牌有乔雅登（Juvederm）、泰奥赛恩、柏丽（Belotero）和瑞蓝（Restylane）。在每个范围内都有不同密度的凝胶，用于不同的部位。

适合人群：35 岁以上人群。弥补导致皱纹和早期松弛迹象的面部容积减少问题。它也可以非常有效地用于"美化"，但要谨慎使用（见第 218 页"肉毒杆菌毒素排毒"）。我确实会用它来修饰年轻的面孔，例如，让脸颊更有轮廓，或者微调侧面轮廓，但我只有在经过非常详细的咨询和了解客户的诉求后才会这么做。

时间：30 分钟。首先清洁皮肤，然后标记注射点。根据想要达到的目标，我会将微针和侧孔针技术结合起来。侧孔针是一种钝针，使用它可以让我在放入产品时给产品吹风，保护皮肤，减少擦伤的风险。注射本身可能需要 5—45 分钟，具体取决于注射的次数。

不适感：1/3 或 2/3 的人会有不适感。大多数填充剂都会预先与麻醉剂混合，所以它们比肉毒杆菌毒素产生的刺痛感要轻微一些。我会尽量少注射，因为我想避免不必要的皮肤损伤。虽然当针头第一次插入皮肤时，你会感觉到它，但这种感觉很快就会变成钝痛或压迫感——无论如何，这种感觉只会持续几秒钟。

恢复期：在四五天的时间里，你可能会觉得注射的部位一碰就痛，还有点浮肿，但只有你自己才会留意到这些变化。

效果：效果立即可见，可持续 3—18 个月。填充剂的稠度以及注射的部位会影响具体的有效时间。治疗眼袋的泪沟填充剂（见第216 页）持续时间最长，可达数年。

价格：（我所在的诊所）每支注射剂的价格是 300 英镑起。客户通常会购买 1—4 支针剂，通常每年来一次诊所。

个案分析：自然的样子

33 岁的简是一位心理医生，长年和客户打交道。她来找我是因为她发现额头上的皱纹越来越深，而她才 30 岁出头。我注意到她一直皱着眉头，和我说话的时候也是这样。她的那张扑克脸上甚至开始显出阴沉和紧张的神色，这与她在工作中想给人留下平易近人、亲切友好的印象的目标正好相反。很多时候，甚至和她自己的感受完全相反。她没有意识到是自己紧皱的眉头出了错。

简需要与人共情，而这其中很重要的一点就是体察对方的表情，她必须动用脸部做出表情。

"如果治疗了皱眉，就没办法再抬眉了"，这个误解非常普遍。事实上，抬眉的是一组单独的肌肉，这些肌肉会造成水平的皱眉纹，而不是把眉毛聚拢在一起，导致垂直川字纹。简来找我是因为她想减少皱眉纹，她听说我注射肉毒杆菌毒素的方法是有针对性的，使用剂量也是最低的。首次见面时，我重新评估并调整了她的护肤方案。

简的前两次肉毒杆菌毒素治疗间隔了 4 个月。我并没有完全遮住整个皱眉的宽度，而是集中精力通过治疗她鼻子上面的肌肉来软化 11 形皱纹（眉毛之间的垂直线）。她仍然可以活动她的额头和眉头，可以表达自己的情感，但不像以前那么强烈了。久而久之，当她习惯了没有向下皱眉的能力时，她最终会训练自己摆脱皱眉的习惯。目前，她的皱纹还没有卷土重来。她可以减少肉毒杆菌毒素的剂量，一年只需要注射两次。

∫ 调整瞬间印象

痛苦

◆ 嘴角下垂

将肉毒杆菌毒素注射到把嘴角往下拉的肌肉上，可以产生非常微妙的提升效果。可能只能提升几毫米，但确实有效。这样做还有个好处是，当你说话、大笑或吃东西时，整个嘴部区域会显得更加紧实。

◆ 深深的皱眉沟

肉毒杆菌毒素减少了让你皱眉的肌肉运动，这本身就能让你的面容变得轻松。而且当你皱眉时，持续的收缩实际上会刺激胶原酶，这种酶会分解胶原蛋白。因此，在肉毒杆菌毒素活跃期间，真正的皱纹有时间修复，皮肤也有时间愈合——这是减少这种肌肉运动的另一个好处。

疲倦

◆眼睑下垂和黑眼圈

小心地注射肉毒杆菌毒素，可以使眉毛尾部轻微提起，虽然只有小小的 2—3 毫米，但足以让整个眼睛区域感觉更开阔，看起来更放松。眼眶骨上有一个脂肪垫，你可以在眼睛下方触摸到圆形骨。它往往会随着年龄的增长而变平，使黑眼圈更加突出。你可以用所谓的"泪沟填充剂"来治疗黑眼圈，具体操作是在眼眶骨上直接注射填充凝胶液滴。注射后可以填平眼圈，从而减少黑眼圈的出现。

衰老

◆不断变化的脸型

25 岁时，你的太阳穴饱满，脸颊丰盈，下颌轮廓结实。这叫作青春三角脸，较宽的部分在脸的上部。随着年岁渐长，这个形状会发生逆转：太阳穴凹陷，脸颊美丽的曲线变平，你可能会发腮。在这个过程中，变化的部位会严重影响到你给人留下的瞬间印象。你可以用填充剂来增加面部容积，强化面部轮廓，借此改变给人的第一印象。

个案分析：用填充剂治疗下颌

53岁的罗伯塔找到我，说她开始不喜欢照镜子了。她说自己特别在意下巴部位。

罗伯塔之所以在意自己的下巴，部分原因是她的下巴很短。也就是说，她的下唇和下颌之间的距离相对较短。面部比例较小被认为是"理想"的脸型，鼻子和嘴巴之间的距离应该是嘴巴和下巴之间距离的一半。但随着年龄的增长，下巴会变得越来越短，越来越宽。下巴越短，我们所有人都有的"双下巴"就越有可能变得明显。

我们还讨论了磨牙对她脸型的影响——她的下半张脸变宽了，成了方形。她的眼睛下方也有明显的黑眼圈，但比起下巴，她倒并不怎么担心黑眼圈。我提起黑眼圈的时候，她笑着说已经习惯了自己看起来很憔悴的样子。

第一步，遵循积极抗老金字塔的原则，通过皮肤护理和面部保养让罗伯塔的皮肤进入更好的状态。她还接受了再生治疗、超声波治疗，以帮助收紧皮肤。

罗伯塔很适合注射填充剂。我告诉她，她需要的剂量应该是我注射过的最大剂量。我首先注射填充剂的部位是她的下巴，注射位置是侧面和前面，这样才能保证注射量。以这种方式拉长下巴是一个小小的调整，可以让下颌线看起来更清晰。它会巧妙地改变脸的角度，让脸看起来不那么四四方方的，不那么男性化，而更像V字形。因为这与实际的年龄不符，所以会让脸看起来稍微年轻一点。

其次，我在她的脸部中央注射了填充剂，修整了她的脸颊轮廓，恢复了她年轻时的 V 形脸。我沿着颧骨注射到脸颊上的苹果肌，大部分注射在苹果肌的深处。这么做不是为了给她重塑颧骨，而是为了补充因年龄增长而流失的脂肪。这种脂肪的减少会导致口鼻线（法令纹）和双下巴的形成。理想的效果是巧妙地强化轮廓，就跟你涂上腮红是一个效果。

我还给罗伯塔的咬肌（下颌肌肉）注射了肉毒杆菌毒素。这是为了减轻摩擦，稍微缩小下颌的宽度，使她的脸颊看起来更饱满，让失去弹性的下颌不再引人注意。

最后，我给罗伯塔注射了几滴泪沟填充剂，准确定位在眼眶骨上，以对付她的黑眼圈。填充剂不能治疗凸出的眼袋，也不能消除黑眼圈，但它可以通过改变光线反射的方式，让黑眼圈看起来不那么明显。

罗伯塔的预算的确很充足，仅在填充剂和肉毒杆菌毒素上，她就花了将近 1600 英镑。这可能已经接近我注射过的最大剂量了。她对效果非常满意，并表示自己因此变得更加愉快和自信了。她说这钱花得比去度假还值。

肉毒杆菌毒素排毒

遗憾的是，我发现在人们长期注射了太多的肉毒杆菌毒素之后，排毒已经成了越来越受欢迎和必要的治疗选择。我们很容易就会为能够做出微小而重大的改变而激动不已。我发现，先停止治疗再重新开始可以产生奇效，就像给人们的身体和心理按下了一个复位键，即使她们一开始很抗拒。

对于肉毒杆菌毒素，你需要停用 4 个月；而对于填充剂，则需要停用一年。停用后能让我看到你真实的模样，看到你给人的瞬间印象，看到你的面部轮廓。你可能会重新长出皱纹，或者只长出部分皱纹。你眼中自己的脸可能会比他人眼中的更松弛、更皱巴巴的。

在培训新入职的医生时，我总是强调，我们工作的很大一部分内容是"控制局面"，如果需要停止治疗，那就停止。但这也需要漫长的初步咨询和详细的评估，并制订年度治疗计划，其中定期复查是关键。排毒可以让你回到积极抗老金字塔，在你的预算范围内，制订一个能让你得到理想效果的年度计划。最终定下的剂量通常会比之前的少得多。

个案分析：肉毒杆菌毒素排毒

我与乔初次见面时，她已经 47 岁了。她从大概 35 岁开始注射肉毒杆菌毒素和填充剂，至今已经有 10 余年。她来找我时提出的要求颇多。她谈到了自己真正想达到的效果，以及 10 年来的治疗给她带来的感受，她承认感受确实不太好，她的脸看起来不太对劲。她坦承，她觉得自己看起来都不像自己了。

如果你年复一年地坚持治疗，就会出现同样的情况。你的脸会变得平坦，完全无法做任何表情。如果治疗是为了让人们在不做表情的情况下看起来赏心悦目，而不是为了让她们在动起来或说话时表情自如，那就更是如此。如果注射过量，你的脸虽然会在照片上看起来光滑完美，但一旦做表情就会显得很怪异。除此之外，乔还讨厌自己脸上长皱纹，害怕皱纹会再次冒出来。

乔第一次来咨询是在一月份。她来诊所的时候，化了很浓的妆来遮盖脸上的红血丝。她告诉我，每次压力大的时候，她的皮肤总会出现红血丝，到了冬天情况就会更糟，尤其是在圣诞节前后。她还经常在经期前爆痘。乔有两个年幼的孩子，经营着自己的生意，她自认为是个运动迷。她跑步是为了控制体重，能吃自己喜欢的东西。她的高强度运动计划也安排得满满当当的，包括拳击、举重训练、跑步（包括马拉松）和大量高强度的阿斯汤加瑜伽。

我给乔的第一个建议是找时间和空间减压，选择冲击力更小、更具再生性的运动方式，比如找到一种比阿斯汤加瑜伽更柔和的瑜伽方式。

乔很愿意配合改变营养摄入方式，以解决脸部红血丝和爆痘的问题。她参加了我们的营养治疗师设计的为期12周的计划。医生特别建议她注意糖的摄入量。

乔的生活节奏非常快，与之相应，她使用的是富含活性成分的强力护肤产品。但是，在护肤方面，可以选择的好东西太多了。脸上出现红血丝的一个原因是她的皮肤屏障需要支撑。我建议她减少护肤品（见第136页治疗红血丝的计划），我们的皮肤科医生也给她开了一些外用药。

令乔沮丧的是，我让她接受了4个月的肉毒杆菌毒素排毒治疗，等待药效消退。然后，我在她的眉头和眉梢注射了一点肉毒杆菌毒素，稍微提升了一下，再给她的嘴角做了微调，让嘴角不再下垂。仅此而已。

填充剂失效的时间要更长些，大概一年。一旦失效，我就会重新评估她的脸。我们一致认为她不需要动那么多地方，只需要在脸颊上下点功夫。她用Profhilo逆时针来补水，改善皮肤质地，尤其是颈部，因为颈部皱纹比脸部更多。

乔看到自己的皮肤发生了变化，看起来变得健康了，她也看到了不用把每条皱纹都填满的好处。现在让她非常欣喜的是，只要她愿意，她就可以不化妆去学校门口，她有了选择不化妆的底气。她还说，化妆后的效果也更好了。

∫ 对注射剂的恐惧

你会说："我不想把化学制品和异物注射到皮肤里。"

肉毒杆菌毒素是一种毒素，确实是这样，但在医学美容中，我们使用的是一种提纯后被高度稀释的毒素形式，剂量只是医院用药的几分之一。例如，一名患有脑瘫的两岁儿童可能会接受 2000 单位的剂量，以停止肌肉收缩，从而能够行走。但典型的美容剂量是从 6 单位起步的。这种药物在大剂量使用时的全身效应已经得到了充分的研究，它仍然被认为是非常安全的。

肉毒杆菌毒素在出售给医生时呈粉末状，铺在药瓶的底部，然后医生用生理盐水将其稀释后进行注射。剂量在药瓶中就能测量出来。

肉毒杆菌毒素代谢迅速，所以不会在体内滞留很长时间——有研究表明只有几个小时。它可以放松肌肉，正确使用可以使面容发生巨大的变化。

说到填充剂，透明质酸是一种自然产生的物质，你的身体每天都在生产、使用和补充透明质酸。人体大约 50% 的透明质酸存在于皮肤中，它也是位于肌肉层之间的软骨的重要组成部分。它在人体内起到了补水、润滑关节和抗氧化的作用。几个月后，填充剂中的透明质酸会被身体重新吸收。

你会说："我怕疼。""我怕打针。"

对打针感到紧张是很常见的现象，逻辑上也合情合理：谁会想在自己身上扎一针呢？问题是，如果你感到恐惧，这种心理因素会导致肌肉紧张——会让第一次打针的感受更加痛苦。

我希望你能放宽心：犹豫是正常的心理。但我也想向你保证，我们使用的针头绝对是很小的。即使是那些一开始不愿意打针的人，来打第二针时也很兴奋，因为她们知道打完针之后的感觉非常棒。

有许多技术和技巧可以帮助你从打针这件事上转移注意力。现在大多数填充剂都会预先和麻醉剂混合，也就是说，通常不需要另外添加麻醉剂，也不需要再扎一针。虽然有些部位比较敏感——例如上唇上方的皮肤——但局部麻醉霜通常就足够了。你也可以用冰块来麻痹皮肤，或者握着一根 T 形振动棒，将你的感官感受从医生正在做的事情中抽离出来。

此外，还有一些分散注意力的办法：有些客户喜欢用聊天软件找人聊聊天；另一些客户则更喜欢待在自己的区域，用呼吸技巧或者听音乐的方式解压；有些客户在进入诊所前发现催眠很有用。

我的建议是，在坐到椅子上之前，向医生坦白你对注射的感受。根据月经周期来预约也是个好办法，人们经常发现，她们的皮肤在经期前会变得更加敏感。

你会说："别人会觉察到区别。""我看起来不像我了。"

这完全取决于从业医生的技术。注射的目的是让你呈现出自己最好的状态，就像是度假后神清气爽的你。如果你在治疗后没有这种感觉，这对他们来说就是失败的。如果你对效果不满意，你应该告诉你的医生。这种情况并不经常发生，因为如果你接受的咨询是到位的——费用一目了然——那么你就应该得到相应的效果。你的医生应该随时跟你保持沟通，及时跟进你的治疗方案。

要找到合适的医生，请参照第 227 页的说明。其次，在初次咨询时，一定要告诉医生你现在接受治疗的诉求，以及你的长期目标。可以问问医生：有没有替代注射的方法？有没有更全面的护肤方法？现在就得治疗还是可以等待？会给你制订一个治疗方案吗？会告诉你最好怎么治疗以及什么时候治疗吗？会跟你讨论预算吗？时间和金钱方面有什么预算？价格透明很重要。我一般会推荐循序渐进的治疗方案，时间跨度是几个月而不是几个星期。

最后，如果你接受了咨询，却并没有完全被说服，那就离开，去找别的医生。你完全有权决定。你必须让自己开心。

你会说："我关心的是费用。"

费用依从医生的资质和经验水平（以及地点和设备）而定。你在权衡时，应考虑以下几点：

● 不要被价格牵着鼻子走。在某种程度上，没错，你有你的预算，就像生活中其他的方方面面一样。但是，如果可以的话，尽量不要被便宜货和折扣所左右。我知道这可能说起来容易做起来难。

● 考虑每次注射的费用！填充剂（每支针剂的价格至少要 300 英镑）的效果可以持续 6—18 个月，而肉毒杆菌毒素（270 英镑起）的效果可以持续 2—6 个月。因此，就每次的使用成本而言，它们无疑比你可能会大肆购买的手袋或鞋子更有价值。（不过话说回来，我是有偏见的。）

● 确定你的医生会帮你优先治疗。帮你明确自己的目标、优先事项、时间表和最佳回报，这些都是我们医生分内的事。

肉毒杆菌毒素：我建议在效果完全消失之前重复使用，因为这会有一个累积的效果。经过几次治疗后，它会持续更长的时间——因为皮肤已经得到了改善，所以在肌肉运动恢复和皱纹重新出现之间会有一段时间的延迟。好处是什么呢？效果更自然，因为你需要的剂量越来越少了。

填充剂：每张脸都不同，脸部状态很大程度上取决于生活方式，如饮食、运动、睡眠。你 30 多岁的时候，每年注射 1—2 次就可以有很好的预防或维护效果。等你 40 多岁时，一开始可能需要注射 3—4 次，之后每年要保养就需要注射 1—2 次。50 多岁后，一年注射 2 次效果依然不错。话说回来，我可以注射 8 次，效果还很自然，只是皮肤更柔软、更清新。记住：5 次的剂量只有一茶匙那么多，所以我们说的都不是大剂量。

你会说："我害怕会出什么大问题。"

注射肉毒杆菌毒素和填充剂是我在过去15年里日复一日做的事情，我对它们存在的风险和具备的好处早就习以为常了。当然，每一种治疗都存在风险：你一定要在医生的指导下完全知情后再去决定。在你得到足够的保证之前，你的每一个顾虑都是合理的！做好调查，去一家声誉好的诊所（见第227页）。在治疗方案启动后，尽量多去几次诊所，以达到最佳的效果，而不要一次接受所有的治疗。

真正的肉毒杆菌毒素过敏极其罕见，通常表现为恶心和全身不适，这些反应几天后就会消退。肉毒杆菌毒素的副作用可能是挫伤或头痛，但这些都很罕见，症状也很轻微，通常只在治疗当天出现。并发症也不常见，一般没什么大事。注意不要在治疗后的几天内对注射部位施加压力（避免产品移位，削弱医生不打算削弱的肌肉）。

肉毒杆菌毒素会削弱肌肉——这就是它的工作原理——所以，如果剂量不对，就有可能导致眼睑下垂。这种情况可能发生在医生治疗额头肌肉的时候，这些肌肉会把眉毛抬起来，导致额头出现横纹。然后，如果注射的肉毒杆菌毒素剂量不对，这些肌肉就可能会被压垮。这会导致"肉毒杆菌毒素下垂"或上睑下垂（也就是眼皮松弛）。这些情况通常是暂时的，应该在几周内会自行缓解，有时可以再打一针进行改善。

肉毒杆菌毒素注射不当也会导致斯波克式眼睛，表现为吃惊的表情和不自然的眉毛。你没必要忍受，因为纠正起来非常简单，只需要求安排术后随访即可！治疗后偶尔出现在眉尾上方的"逗号纹"也是这种情况，再注射几滴肉毒杆菌毒素就可以轻松搞定。

填充剂的并发症发生率较高，但和肉毒杆菌毒素不同的是，透明质酸填充剂是可逆的，这就是它最大的优势。同样，最常见的问题是美容效果差：遵循"依照序号涂色"的方法，在没有全面评估的情况下就给脸部打造新的脸颊、下颌线和嘴唇，没有考虑整个面部的比例和"瞬间印象"。

我听到的另一个常见问题是填充剂在注入后有移动的风险——"移位"。这并不常见，但确实会发生。通常情况下，即使有，也几乎看不出来。填充剂不会移动很远，如果注入的是透明质酸填充剂，它的位置是可以校正的。此时，选择的产品和医生的技术就显得尤为重要。还是那句话，从业经验是关键。

另外还要记住，如果不开心，就回去找医生求助！这样做总没错，因为医生知道治疗的确切细节。

你会说："我担心皮肤会擦伤、会肿胀。""恢复期要多久？"

对大多数人来说，注射后很少出现瘀青或肿胀的情况，但也不能 100% 保证。在注射了肉毒杆菌毒素之后，被注射部位隆起的肿块需要 15 分钟才会消退。你必须在 24 小时内避免运动，并且在一周内不要对注射部位进行按摩或按压。

通常你注射过填充剂的部位会有一点发红，可能还会有点浮肿。最好 12 个小时内不要化妆，所以注射时间最好安排在第二天你没有重要会议要开的空档期。和注射肉毒杆菌毒素的情况一样，一周内不要按摩。

●为了避免挫伤，在治疗前几天避免服用止痛药，也不要喝酒。即使是前一天晚上喝了一杯酒也会有很大影响。还要避免食用欧米伽 -3 鱼油、维生素 E 和生姜，因为它们会增加瘀伤的风险。

●提前一周服用大剂量山金车药片是有用的。

●治疗后涂抹维生素 K 霜。它并不能像山金车药片那样防止瘀伤，但能更快地消除发紫的瘀斑。

●薇姿旗下的 Dermablend 系列是有效的遮瑕化妆品，非常好用！

你会说："我担心的是长期影响。如果我停止治疗，会加速衰老吗？"

我可以立刻回答你："不会！"如果你听说过肉毒杆菌毒素有预防作用，这绝不是炒作。只要肉毒杆菌毒素处于活跃状态，你就可以通过减少磨损来延缓衰老。我经常回想起 10 年前那些皱纹明显的客户的照片——最常见的是 11 形或垂直的皱纹——这些皱纹随着时间的推移，经过温和而有规律的治疗，已经被完全抹平了。

至于下决心停止注射，如果你这么做了，也不会突然衰老，尤其是如果你一直在严格执行某项计划，包括皮肤护理等项目的话。我有很多客户因为怀孕和哺乳而停止治疗，之后又重启治疗。她们发现，即使受到疲劳、激素和体重变化的影响，她们以前护肤的效果仍能使她们保持良好的状态，而且她们在停止母乳喂养后重新护肤的效果都能快速而轻松地显现出来。

你会说："我的伴侣坚决反对我接受治疗。""我的同事会不赞成我接受治疗。""绝对不能让人知道我在接受治疗！"

这是我从客户那里听到的最个人化的"恐惧"。说到害怕被同事评头论足，我表示非常能理解。我有一些客户，她们为非营利组织工作，或者看到朋友失业，她们与罪恶感做斗争，认为此时接受治疗是麻木不仁的表现。如果你认同这些说法，我觉得你有必要翻回到前面关于心态的章节（见第 25 页），厘清自己内心的矛盾和感受。

每次有女性客户告诉我她们的伴侣不同意她们接受治疗时，我都会情绪激动！她们说得最多的两个原因是，第一，她们的伴侣会担心治疗过程不顺利，而就像你知道的，这其实风险非常低；第二，费用。但脸是你自己的，得由你自己来做选择。想变成最好的自己，这完全没有任何问题。你的身体你做主，别人管不着。

从更广泛的角度来看——"社会将如何看待我？"这也是我写这本书的原因之一。长久以来，"衰老"一词一直被用来针对女性，社会认为她们应该为此感到羞耻，或者把它当作一种工具，向女性推销昂贵却无效的产品。我坚信，把你正在做的事情搞清楚，才能确保这件事情对你来说是正确的。这没有什么丢人的。

最后，如果你真的不想让别人知道，那就坦诚地告诉你的医生你想要什么样的美容效果。现在想要达到自然的效果是很容易实现的。

填充剂的发展趋势

嘴唇：你现在肯定很清楚了，我不喜欢过于丰满的外貌。那么，唇部填充剂到底可行吗？当然！嘴唇会随着年龄的增长而萎缩，就像你脸上的其他部位一样。恢复饱满的嘴唇是面部年轻化的重要标志，通过适当的技术和产品，完全有可能做到这一点，而又不会让唇形失真。

鼻子：有些透明质酸填充剂用于非手术类鼻整形的效果令我震惊。填充剂可以带来令人难以置信的效果，却没有手术的风险，也不需要恢复期和持久性。不过，在注射该部位时，撞击血管和阻塞血液流向该部位的（小型）风险较高，所以，在我们的诊所，只有受过外科培训的医生才能实施这种手术。

下颌线和下巴：最新的热门部位。让下颌角的轮廓清晰分明、稍微强化下颌尖，都可以对早期的皮肤松弛现象起到神奇的修正作用。

如何找到一个优秀的注射医生

肉毒杆菌毒素必须由医生、有处方权的护士或牙医开具处方，而填充剂则不需要，这一点可能会让你吃惊。在英国，任何人都可以购买并注射填充剂。不过，你必须选择经认证的疗程才能获得保险。有很多人没有拿到保险就注射，所以，你在浏览诊所网站时，一定要确认医生的资质水平。我建议找医生、牙医或护士来注射，因为他们接受过临床训练，也有解剖学知识。

接下来，医生必须有适当的经验水平。他们从事非手术治疗有多少年了？他们每周能见到多少来美容的客户（也就是说，这是他们日常工作外的副业吗）？确定他们是不是隶属相关的监管机构。相关监管机构包括英国美容医学院（BCAM）、英国美容护士协会（BACN）、护理质量委员会（CQC）和牙科总会（GDC）。

你去咨询时，可以要求查看客户的照片，特别是像你这种情况的或有类似治疗计划的客户。多看看候诊室里的顾客，再看看工作人员的脸。

最后，在咨询时一定要清楚地告诉医生你想要自己的脸达到什么样的效果。要确保他们所描述的效果很适合你，正是你想要的。

∫ 优化皮肤

我在上一章描述能量源仪器时提到了"再生"这个词，因为它们可以通过刺激新的胶原蛋白和弹性蛋白的生成来紧致皮肤。在本章接下来的内容中，我详细介绍了具有矫正和优化效果的能量源仪器。设备有很多，但我主要关注的是临床上最有用和最受欢迎的两类治疗仪：用于皮肤表面重建的点阵激光和针对不均匀肤色（长黄褐斑或者血管爆裂导致的瘀斑）的能量源仪器（激光和强脉冲光）。

点阵激光治疗仪

这种设备的目标是加热皮肤中的水分，造成可控的组织损伤，从而触发皮肤表面重建（改善肤质、淡化色斑），并在真皮层中生成一些新的胶原蛋白和弹性蛋白。由于这种激光对表皮的影响比前一章提到的能量源仪器更大，通常由此造成的恢复期也会更长。

早期的仪器使用的是老式的激光，会完全去除表皮层，造成损伤，使表皮结痂，重新长出更鲜嫩、没有瑕疵的皮肤。那种激光治疗仪现在不太受欢迎，主要是因为需要的恢复期太长了。此外，它在愈合期有很高的并发症风险，包括感染，因为它留下了未愈合的伤口。手术后，皮肤会长达几个月保持高度敏感的状态，这也增加了色素沉着的风险。

点阵激光治疗仪是新一代的产品。这种新型激光治疗仪发明于21世纪最初10年，比老式的全脸换肤技术更受欢迎。它被称为"点阵"，是因为每次只有皮肤的"一小部分"通过多个极为精细的小光柱得到治疗。每一个激光头造成的印记都会在烧伤的皮肤上形成一个由微小通道组成的网格，然后周围的皮肤开始修复这些伤口，产生更多的胶原蛋白和弹性蛋白，以及新的血管。

要说这一领域的品牌，飞梭激光（Fraxel）不愧是治疗器械方面的龙头老大，因为它是迄今为止最知名的。但实际上有许多不同的仪器可供选择，它们发射的波长不同，对表皮造成的伤害也不同。

剥脱类激光——如飞梭修复（Fraxel Repair）或科医人点阵（Lumenis Fx）——可以去除它创建的每个微通道的表皮层。恢复期会拉长（大约需要一周），但通常只需要治疗一次，每1—2年再进行一次保养。它对治疗细纹（如眼睛下方的）和色素沉着都有好处。

非剥脱类激光——如赛诺秀超级平台ICON光子嫩肤——对表皮造成的损伤要小得多，但仍会引发深层皮肤的大规模重塑。虽然一个疗程是少不了的，但恢复期更容易控制，通常只是出现几天的轻微肿胀，还可能会使皮肤剥落。

适合人群：45 岁以上人群。"换肤"——改善皮肤纹理、色调和皱纹。人们通常会使用这种激光来治疗唇纹或眼下的细纹，并且对这种效果非常认可，以至于将这种治疗方法扩展到全脸。这种治疗也有助于消除痤疮疤痕。

时间：1 小时，包括涂抹麻醉剂乳霜的时间。

不适感：2/3 的人有不适感。这种治疗方式确实需要使用麻醉剂乳霜，之后会有 45 分钟到 1 小时的灼烧感。

恢复期：根据所用激光的强度和覆盖的面积，恢复期要 12 小时至一周不等。你的皮肤可能会出现红血丝、浮肿、干燥和剥落等现象。

效果：效果在 4—6 周内会显现。这种激光治疗效果佳，是长期计划的组成部分。每两年重复一次疗程。

价格：700 英镑起。

血管激光和强脉冲光（IPL）

做血管激光的仪器也能产生高能光束，通过机头射入面部。为了治疗红血丝，该仪器会将目标对准血细胞和血管中的血红蛋白；为了治疗黄褐斑，该仪器会把目标对准黑色素。

不同的仪器有不同的波长，用以解决特定的问题。不同的强度也会影响你需要的恢复时间。

强脉冲光机器的外观和功能都像激光，但不符合"真正"的激光治疗仪的标准，因为机头可同时传送多个波长的光，即有多个目标。强脉冲光机器是一种用途非常大的仪器，由于所需的恢复时间最短，所以是公认的治疗色素沉着、红血丝、痤疮、早期皮肤纹理变化甚至脱毛（也针对头发中的褐色素或黑色素）的一线疗法。

适合人群：30岁以上人群。强脉冲光通常是大多数色素沉着或红血丝的首选治疗方法。有时需要血管激光——如翠绿激光（Excel V）或V形射束激光（V-Beam）——治疗鼻子周围的阻力血管或更严重的玫瑰痤疮。

时间：15—45分钟。

不适感：2/3的人有不适感。会有不舒服的感觉，但通常只在仪器启动的那一瞬间才会有。

恢复期：取决于治疗的强度，即红血丝或黄褐斑被治疗的程度。红血丝：红脸一个小时左右，瘀青和浮肿持续一个星期。黄褐斑：皮肤会立即变暗，需要一周的时间才会变亮。

效果：治疗红血丝可以立即见效——尤其是在鼻子周围，一次治疗的效果可以持续6个月或更长时间。我的许多客户在初次疗程结束后会回来接受单次强脉冲光维持治疗。

价格：200英镑起。通常建议初次疗程治疗3次，每次间隔一个月。

PDO 线雕

如果能量源仪器无法提供所需的紧致效果，如果越来越多的填充剂对皮肤的作用不是提升而是扭曲，那么线雕提升的作用就凸显出来了。如果客户需要提拉、紧致皮肤，却不愿意接受手术，这种治疗法就有了用武之地。

医生会将精细的外科级"倒钩"线从口腔和下巴区域一直插入发际线，有效地将皮肤向上拉起，提升面部。这种线叫作缝合线，和外科医生用来缝合的线一样，但它有微小的凸起或倒刺，使它能固定在合适的位置。缝合线可以埋在从太阳穴到下颌线的位置，以抚平早期的双下巴，也可以埋在从太阳穴到眉头的位置提眉，或者埋在从太阳穴到鼻唇沟的位置做中面部提升。

线雕有许多不同的设计和品牌，我更喜欢带倒钩的，因为我知道它的效果更快、更一致。但每位医生都有自己的偏好。

手术过程不需要切割或缝合，只需要插入一根细侧孔针（钝针）来引导缝合线。缝合线会在大约 6 个月后断裂，但缝合线周围的组织往往能维持效果长达 18 个月。我们通常会建议 9 个月左右的时候在下颌轮廓多埋几根线。

适合人群：45 岁以上人群。针对的是皮肤松弛的第一个迹象。

时间：45 分钟。

不适感：1/3 或 2/3 的人有不适感。

恢复期：长达一周的浮肿、肿胀或瘀伤。手术后 2—3 天内会感觉皮肤紧绷，尤其是说话或者吃饭的时候。

效果：效果不明显——通常下半张脸的效果可以维持 12—18 个月，提眉的效果可以保持 6 个月。关键是要明确自己想要的效果，所以一定要和医生详细讨论。即使效果不明显，也能使面部大为改观，尤其是把注射剂和能量源仪器结合起来用于维持治疗的话。但收费不便宜，整容手术或许可以更好地回报你的时间和金钱。

价格：这是一次性治疗，但你可以接受后续的加强性埋线。15 根线的价格为 2000 英镑（全脸埋线）。

修复眼疲劳

很容易出现黑眼圈，这是许多女性烦恼的问题。具体的治疗方案取决于导致黑眼圈的原因，通常原因不止一个。改变生活方式和皮肤护理或许有用（见第 23 页），而以下这些治疗都是下一层级的内容。

*黑眼圈

如果你的黑眼圈是褐色的，那很可能是色素沉着造成的。如果你尝试过皮肤护理（见第 141 页），但没有效果，那可以采用去角质（见第179 页）或强化美塑疗法（见第 192 页）：治疗 6 次，每 2 周一次，时间 12 周，整个疗程花费 600 英镑。

黑眼圈偏紫色可能是因为血管渗漏，可以采用激光和强脉冲光进行治疗，但一定要找一个治疗这个娇嫩部位非常有经验的医生。

还有一种选择是泪沟填充（第 216 页有相关解释），就是在眼下注射少量泪沟填充剂，以消除往往会加重黑眼圈的眼窝凹陷。

*眼袋

眼袋在很大程度上是遗传的，而且年纪越大越严重。有时可以通过注射填充剂解决面颊和泪沟区域的容积减少来间接改善，但这么做是在掩盖问题，而不是解决问题。详见下文第 4 点。

*细纹

许多客户前来就诊，是因为她们发现自己眯着眼睛看电子屏幕，结果眼睛周围和额头上长出了皱纹。肉毒杆菌毒素可以有效治疗鱼尾纹（见第 208 页）。还有一些皮肤活化剂也有这样的功效，比如泰奥赛恩 1 号水光针（Redensity 1）和意大利 Sunekos 水光针。另一种选择是美塑疗法，即注射少量的维生素（见第 192 页）。

较深的皱纹、不做表情时仍然明显的鱼尾纹或者已经沿着脸颊向下延伸的鱼尾纹可以用提可塑（见第 202 页）或换肤激光治疗，效果不错。这些治疗方案会导致局部肿胀、结痂并剥落的情况，需要长达一周的恢复期。有时为了达到最佳效果，也需要停工休息。

*皮肤皱巴巴的或皮肤失去弹性

射频微针（如 Morpheus 8）对此有效。不过，针对上眼睑，我经常劝客户去咨询眼部整形外科医生，最好采用眼睑整形术（一种修复下垂眼睑的手术，包括去除多余的皮肤、肌肉和脂肪）。因为非手术治疗的效果不会很明显，而且效果最多持续1—2年。眼睑整形术是一种相对简单的手术，可以在局部麻醉下进行。

靶向治疗

颈部： 这是一个棘手的治疗部位，预防才是关键。也就是说，要涂抹防晒霜，从额头到胸部涂抹活性护肤品。射频和超声波等面部保养和皮肤紧致治疗，以及针疗、皮肤活化剂和PRP疗法都能见效。如果问题出在颈部肌肉(颈阔肌)过度拉伸,也可以注射肉毒杆菌毒素进行治疗。

最后是英国的Aqualyx溶脂针（或者美国的Kybella溶脂针），我之前没有提到过。这是一种消脂注射剂，对消除双下巴很管用。其活性成分是脱氧胆酸，这是一种人体内天然存在的破坏脂肪细胞的分子。该治疗方法包括下巴下注射，可能会很痛，通常会导致瘀伤和大面积肿胀，需要一个星期的时间才能消退。但这些细胞一旦遭到破坏，就不能再储存或积累脂肪，所以效果是永久性的。

价格：600英镑起。可能需要在6周后重复治疗。

胸部： 与颈部治疗方案相同（见上文），但表面纹理也是一个问题。针对色素沉着和红血丝，可以使用强脉冲光或激光。针对皱纹或细纹，可以尝试医学针疗（见第190页）或皮肤活化剂（见第195页）。

价格：单次强脉冲光或针疗治疗价格240英镑起，皮肤活化剂价格390英镑起。

激光脱毛： 随着年龄的增长，你会发现毛发越来越多，拔毛或打蜡脱毛可能会诱发炎症后色素沉着。而激光脱毛既安全又有效。激光能够很容易地瞄准毛发,效果最好,因为深色毛发和浅色皮肤之间的反差很大。

有时，一个疗程结束后还需要每年进行维护。

价格：单次治疗 35 英镑起。需要 6—8 个疗程。理想的治疗间隔期依治疗部位而定。

脂肪冷冻：冷冻溶脂法被证明是非手术体形塑造的一大进步。我们在诊所治疗的最常见部位是上下腹肌和侧腹，也可以在下巴上使用。这是一种非常流行的非侵入式治疗顽固脂肪袋的方法。我们使用的是酷塑（CoolSculpting）——该疗程提供精确控制的冷冻技术，针对的是皮下脂肪细胞。经过处理的脂肪细胞结晶（被冷冻）可以在 30 分钟的治疗时间内被有效破坏，几周后，你的身体会自然地清除这些死细胞。我非常喜欢冷冻溶脂的效果，但我也非常喜欢运动，因为运动的好处数不尽，有由内而外的效果。这并不是说冷冻溶脂没有用武之地，而且我发现它对产后和绝经后的女性非常友好。不过，你必须清楚冷冻溶脂不会改变你的生活，也不能取代健康饮食和运动。

价格：600 英镑起。

皮赘：这种情况很常见，而且随着年龄的增长会越来越常见。它很容易用放射外科手术移除。10 分钟的疗程最多可以摘除 20 个皮赘。

价格：150 英镑起。

正如你现在知道的，尽管肉毒杆菌毒素家喻户晓，但它并不是唯一的医学美容工具。现在，你也了解了积极抗老金字塔的所有层级。在下一章，也是最后一章，我将告诉你如何建立你的专属积极抗老金字塔。

整容手术

如今，我的客户中只有一小部分人最终选择了手术。这在很大程度上是因为非手术治疗的进步减少了人们对手术治疗的需求，并且客户越来越不适应永久性的改变。不过，眼睑整形术，隆鼻术，面部、颈部和眉毛提升术仍然很普遍，非常安全，可以真正改善问题部位。

采用哪个疗程是每个人自己的决定，我通常要求客户认真考虑心理和身体层面的问题。治疗费用从 2000 英镑到 20000 英镑不等，恢复时间可能是几个星期。所以，我建议你只在建立了自己的积极抗老金字塔，并且有一个出问题的部位仍然让你不满意的时候，才去考虑这个问题。手术和非手术相结合的治疗方法有不错的效果。一般来说，我的客户都是过了 50 岁才决定做"提升"手术，但请记住，年龄只是一个数字！

本章要点回顾 ▼

● 你给人的瞬间印象如何？它是如何改变的？你希望它怎么改变？

● 抽出时间去找一个你喜欢且信任的医生，你们应该在费用、技术和美容效果方面统一意见。

● 注射肉毒杆菌毒素是一种安全的治疗方法。

● 不要为接受治疗而感到羞耻。你的脸，你自己做决定。

chapter

9

第 9 章

—

制订个性化治疗方案

刚踏入美容行业时，我的工作重点是注射肉毒杆菌毒素和填充剂，因为我曾经以为这是获得真正效果的最好方法。但这些年来，我越来越认识到生活方式对积极抗老的重要性。这么多年来，我仔细检查了很多女性的皮肤，发现减轻压力、健康饮食、运动和控制激素是可以改变皮肤的，它们比我用过的任何治疗方法都更有效。

生活方式医学现在是我个人推崇的治疗手段，它能够减缓甚至逆转衰老过程。

从我在诊所进行的数千次谈话中，我看到了心态在你向世界展示和应对衰老过程的方式中起着多么重要的作用。

我也看到了良好的护肤和保养对皮肤功能以及减缓 5 大衰老问题发展的作用。我从业以来，见证了许多公司推出的许多优秀的技术，它们确实可以修复皮肤并改变皮肤的功能。有如此多的专家信息和如此多不需要打针的不可思议的治疗方法，肉毒杆菌毒素和填充剂最终成了我在临床上能提供的最好的选择，而不是主要治疗手段。

在这本书里，我将自己 15 年的从业经验转化为一个易于执行的计划：积极抗老金字塔。这是一种能让任何年龄的皮肤都焕发光彩的方法。

所以，我要告诉你皮肤是如何工作的，以及它是如何与各种令人困惑的治疗方案相互作用的。无论你决定做什么，无论你在金字塔上爬得多高，我的目标都是揭开衰老过程的神秘面纱。

最后一章主要是指导你定制专属的积极抗老金字塔，并设置你的优先事项。我知道你可能没有时间。社交活动、家庭、经济压力、工作压力总是相互推搡，我们都没有足够的时间，也没有足够的钱做所有的事情。定制自己的积极抗老金字塔将有助于你明确自己的优先事项，我希望我接下来要问的问题能帮助你决定你的优先事项。

∫ 你的年度计划

我建议你定制自己的积极抗老金字塔当作年度计划，规划每日和每周的优先事项。提前计划的好处是，一旦你做出了决定，就没有必要再去思考，也不必花费任何预算外的资金。外貌可能是让你感觉良好的重要因素，但也要做到尽量不被外貌束缚住思想。

牢记这一点：通过努力让自己感受到美好和建立良好的生活习惯（我称之为免费美容医学！）来奠定坚实的基础是第一步。而且，这个明智的决定要建立在现实、明确定义的期望之上，并始终和你的预算（包括时间和金钱）保持一致。

幸运的是，现在对美的定义不再是一刀切的了。你可以利用这本书帮助自己在任何年龄都保持最佳状态，但最终，要尽力做你自己。

要记住

在制订年度计划时，要遵循以下几个原则：

首先，回顾一下你读这本书时做的笔记，想想引起你共鸣的内容和你画线的段落。选择 3—5 个改变来开启你的计划。根据我的经验，这样的改变越少越好。它们会是你匆匆记下的几件事情，因为这些事是你最为关注的，也是影响很大的。例如，我想的是：每天做呼吸练习，为了肠道健康而多吃富含纤维的食物，量身定制 5 种基础护肤品并开始使用。

然后，当这些改变在你的生活中被固定下来的时候，如果你还有其他想解决的问题，你可以多加几个改变。但我经常发现，只要人们开始着手解决他们最关心的问题，"需要改变的事情"清单就会随着他们变得更加自信而大幅减少。

构建积极抗老金字塔工具包

这里有一些提示，可以帮助你反思你在读这本书时的想法或做的笔记。涂一涂或者圈一圈——记下来后再慢慢考虑。

◆心态

照照镜子。你看到了什么？观察你的脸，列出 3 个让你满意的部位，以及 3 个你不喜欢的部位。

_____

如果你能改变一个部位，会是哪里？

_____

填写以下这句话：

等我解决了 _____，情况就会好转。

现在问问你自己，你是否对美容疗程期望过高？你现在还能采取其他什么措施？是什么在阻止你？

要了解更多关于如何让心态为你助力的信息，请参阅第 2 章。

◆生活方式医学

你打算从哪一种生活方式入手？我在每个标题下列出了一些基本的建议，但如你所知，第 3 章还有更多的建议！

*压力

[ ] 更好地呼吸

[ ] 睡得更好

[ ] 运动

*营养

[ ] 减少糖和酒精的摄入

[ ] 饮食要富含多种蔬菜，多吃彩色蔬菜

[ ] 补充剂

*激素

[ ] 缓解压力

[ ] 吃得更好，咨询营养师

[ ] 因为激素问题或更年期症状去看医生

*环境

[ ] 戒烟

[ ] 避免日晒

[ ] 日常防晒

◆护肤

记住护肤的 3 大守则：简化护肤步骤、不要伤害皮肤（你皮肤过敏吗？）、关注皮肤变化。

你决定用哪 5 种基础护肤品和保湿霜？

防晒霜＿＿＿＿＿＿＿＿＿＿＿＿

洁面乳＿＿＿＿＿＿＿＿＿＿＿＿

维生素 A＿＿＿＿＿＿＿＿＿＿＿

酸性去角质剂＿＿＿＿＿＿＿＿＿＿

抗氧化修复精华液——维生素 C＿＿＿＿＿＿＿＿＿＿

保湿霜＿＿＿＿＿＿＿＿＿＿＿

你想从一个专业护肤方案开始吗？ （见第 126—140 页）

[ ] 修复暗沉和缺水皮肤

[ ] 修复熟龄肌肤

[ ] 修复色素沉着

[ ] 针对致敏皮肤的介入治疗

[ ] 针对玫瑰痤疮的介入治疗

[ ] 针对成人痤疮的介入治疗

◆ **皮肤得分**

回顾一下第 156 页你的皮肤问题。

这是另一个解决问题的机会。哪个衰老问题得分最高，对你来说是最重要的？

	得分（0—3）	烦恼指数（0—3）
暗沉、缺水		
红血丝		
色素沉着		
皱纹		
幼态皱纹		
松弛		
面部容积减少		

针对这个问题，你记录了哪些护肤、保养、再生或优化疗法？

书里建议你多久做一次这种治疗？而你多久可以做一次？

◆ **我的年度积极抗老金字塔**

你想在年度计划中加入什么内容？在以下对应的方框内写下 1—3 件你要做的事。不要勉强自己，如果你什么都不想做，就不用填。你不可能什么事都能做到。

问问你自己，你想把时间和金钱投在哪儿？对你来说什么最重要？

心态	
压力	
营养	
激素	
环境	
护肤	
保养	
再生	
优化	

∫ 不同年龄段的变美计划

我在书中提到了年龄，为的是让你知道什么时候你会看到特殊的变化或者受益于特殊的护肤或治疗。虽然我认为把建议按照几十年的时间来分类过于笼统，但我总是被问到各种有关时间的问题，比如"我应该在什么时候……"，所以我将在这里回答这种问题。

如果你已经 50 岁了，我的回答可能会让你有些许沮丧：事实是，要让 5 大衰老问题影响最小，从 30 多岁开始护理皮肤最佳。但你也可以从现在开始：不管任何年龄，你越积极主动，而不是被动应付，效果就越好。

如果非要说年龄的话，我会说年龄有转折点，也就是人们注意到皮肤发生变化的时间点。人们第一次去诊所时最常见的年龄为 35 岁、42 岁、49 岁和 55 岁。但请注意，你的转折点可能在这之前或之后的几年，具体时间完全取决于你的基因、你的生活方式、你所处的人生阶段，再加上你采用的皮肤护理方式。以下建议基于这些转折点，由于你个人的因素，它可能并不完全适合你，所以仅供参考。

老少皆宜的建议

日晒、糖、烟——马上给我戒掉！最起码也要做到少晒太阳、少吃糖、少抽烟。消极的心理暗示是能戒就戒，实在戒不了就少做。如果你觉得很难做到，就想想你的女儿、你的侄女、你的孙女……如果你能戒掉这些习惯，就不会潜移默化地影响下一代。

凯特琳·莫兰（Caitlin Moran）在《不只是女人》（*More Than a Woman*）一书中说：

"无论你选择做什么，重要的是要记住关于衰老最重要、最关键的一点：你会时常看着自己 10 年前的照片——又盯着镜子里青春不再、容颜老去的自己——惊呼道：'天哪——我那时候这么年轻、这么性感！简直就是颜值巅峰！看看我的腿！性感大长腿啊！为什么当时我没发现呢？我应该一直光着身子走来走去，坚持让人对着我的脸给我拍照呀！我再也不会那么漂亮了！'

"这一幕每隔 10 年都会重演，直至生命的尽头。"

30—37 岁

这就是我所说的"驱动"期，女性会在这个时期第一次关注到自己皮肤的变化。所以，她们想要了解更多。她们想知道接下来的护肤步骤。也许你擦了平常用的保湿霜后脸上的气色已不如往昔，也许你的脸上长出了几条细纹（通常是鱼尾纹或额头纹）。或者，也许你已经受够了别人老问你最近过得好不好，因为你紧锁的眉头让你看起来身心疲惫或压力重重。

饮食：大量的水果和蔬菜、营养丰富的菜肴，开始自己做饭，拒绝加工食品。

睡眠：不要因为你觉得自己精力充沛、皮肤光滑就减少睡眠时间！现在就开始你的"睡眠革命"。

运动：动起来！去定期运动。你知道效果的。

压力管理：参考第 48 页提到的建议来减压。如果你能养成每天对抗压力的习惯，那就更好了。关注压力和定期运动、睡好吃好一样重要，打下基础，你就会在未来的日子里获益。

皮肤癌筛查：从现在开始，每年检查一次。

护肤：找到适合你的 5 种基础护肤品。每天涂防晒霜。每天洁面两次。用免洗酸性去角质剂去角质。维生素 A 是最好的选择。如果你想用精华液，最好用含维生素 C 的。

保养：每年做 6 次以上面部保养，包括酸性去角质，这会让你的皮肤与众不同。如果你想更进一步的话，那就每月做面部保养、美塑疗法、强脉冲光或微针治疗。

37—45 岁

我常常看到这个年龄段的女性疲态尽显，她们既要照管孩子，又要拼事业，还得持家，忙得像热锅上的蚂蚁。20 年来，怀孕、为人母、不重视防晒的后果开始显现出来。就外貌而言，42 岁通常是人们所说的"转折点"。这个年龄段的女性经常有皮肤暗沉、红血丝、色素沉着、皱纹和早期面部容积减少等问题，而所有这些问题都会导致长斑，这一点并未引起人们足够的重视。这很正常。在这个年龄段，炎症性衰老的情况真的很严重。你可以通过以下方法来控制：

饮食：到了服用补充剂的时候了，尤其是如果你吃得不太好的话（你应该就是！）。基本营养素包括欧米伽 -3 和维生素 D_3 加维生素 K_2。

睡眠：很难不忽视这一点——我知道有时候睡好觉简直是不可能做到的。但千万不要放弃，一定要把睡好觉这件事当成优先事项。

运动：运动特别重要，但运动项目必须是你喜欢的，不能让运动成为你的另一种压力。能做到的话，你的心理会非常健康。运动还有减压和其他好处。

压力管理：给自己留点时间。不管怎么样都要这么做！还记得当飞机上发生紧急事件时先给自己戴上氧气罩再去照顾孩子的建议吗？确实是这样的！

护肤：认真考虑一个修复计划。选择一个能解决皮肤问题的计划（见第 128 页）。

面部保养：保养面部的作用可不小。最好是每月做一次。如果你没有办法去诊所，那就在家去角质，并使用处方类视黄醇（前提是没有怀孕或哺乳）。

激光：用来均匀肤色，这样你就可以少化妆了。每年两次用激光治疗鼻子周围的红色血管，每年秋天用强脉冲光治疗色素沉着。

肉毒杆菌毒素和填充剂：它们可以改变你给人的瞬间印象。注射肉毒杆菌毒素可以治疗皱眉和鱼尾纹。注射 1—4 支肉毒杆菌毒素和填充剂，可以提升脸颊轮廓和优化比例。每年去诊所保养一次。

45—50 岁

这是一个新的开始！到了这个年龄段，也许你已经不必再付出极大的体力去照顾孩子了。你可能已经在职场叱咤风云。但同时你也濒临绝经期，父母日益年迈，婚姻也起起落落。你可能还需要多一点思考的空间，评估一下……中年危机。

激素：找到合适的人给你提供更年期的建议，越早越好。最好去找你的全科医生咨询，但如果你决定用激素替代治疗，并不是所有的全科医生都会赞成。其次可以去找妇科医生、功能医学从业人员，或者去一趟更年期专科诊所。你还可以去找营养师制订一份饮食计划。

运动：目标是每天至少运动 30 分钟。哪怕是快步走也比什么都不做好。瑜伽、普拉提或举重这类利用体重的运动可以更好地增强你的肌肉力量和增加你的骨密度。同时，可以服用一种同时含有钙和维生素 D 的补充剂来强壮骨骼。

营养：利用食物来逆转错误的修复和更新过程以及支持激素平衡。按照第 69—81 页的建议来规划你的饮食。

护肤：皮脂减少会导致皮肤干燥，水分流失问题也开始变得严重。

购买两种洁面乳：每天使用一种洁面乳或洁肤油，然后每周用酸性洁面乳 2—3 次。维生素 A 是必备品，优先考虑用维生素 A，而不是强力去角质剂。除了必不可少的日常防晒霜，抗氧化剂对支持修复和增强防御也很重要。保湿前立即使用透明质酸喷雾或精华液也会有所帮助。

皮肤活化剂：我称之为"可注射的保湿剂"——每年注射两次会改变你的肤质。

紧致皮肤：好处多多，可以通过微针、射频或超声波能量源仪器来实现。面部保养仍然很重要，如果与再生疗法相结合，效果会更好。

填充剂：选择填充剂而不是肉毒杆菌毒素。两者结合当然最好，但这个年龄段面部容积减少比皱纹更显老。

50—59 岁

到了人生的这个阶段，你的心态会变得更加平衡，健康状况良好，也能控制压力。可是一照镜子呢？镜子里的你变得好陌生。低雌激素在你的脸上显现无疑：皱纹加深，色斑加深，皮肤松弛。身材变化也是你去诊所的一大动力，比如变胖了、全身皮肤松弛。是时候从头到脚定制积极抗老金字塔并从中获益了，特别是，要尽力改掉用糖来提神或者用酒来放松的习惯。

激素：一切变化都归咎于激素。如果你感到疲倦、悲伤或愤怒，那可能是你的激素在作怪。如果你还没去找过全科医生，那就快去吧。

乳房检查：过了 50 岁，可以每 3 年通过英国国家医疗服务体系（NHS）做一次乳房 X 光检查。

运动：坚持运动。一定要选择你喜欢的运动方式，这样你就会对运动充满期待，而不会有恐惧心理。

护肤：第 247 页的建议也适合这个年龄段的女性，但你可能还需要在晚上涂抹保湿效果更好的保湿霜。可以再抹一些面油——选择 100% 植物性的面油。荷荷巴油和角鲨烯都是质地较轻薄的面油，不太可能造成毛孔堵塞。

保养升级：制订综合解决方案或年度计划，包括每 4—6 周进行一次面部保养，并结合微针、PRP、Profhilo 逆时针和射频等再生疗法。每年做奥赛拉微点聚焦超声（见第 201 页）来紧致皮肤。

肉毒杆菌毒素和填充剂：每年注射 2—3 次保养皮肤。

激光：每年用激光治疗静脉、色素沉着，如有需要还可以激光换肤。

60 岁以上

希望你现在有更多属于自己的时间。但我知道，许多女性这个时候已经取得了一些成就，再加上其他的事，其实可以自由支配的时间更少了。我相信现在你对自己的身份很自信，知道什么对你有用，什么令你快乐。说到风格，我觉得淡妆在这个年纪显得很优雅。我亲眼看到过，治疗确实能让女性有一种被精心修饰过的感觉，根本不需要像过去那样借助浓妆遮遮掩掩。我们的口号是，简单就是美。接纳你现在的样子就是接纳本真的你和你生活中发生的一切，这才是真正的美。你并不想把它们从你的生活中抹去，所以就不要把它们从你的脸上抹去。

护肤：同第 247 页。此外，即使是肤色在这个年龄也有巨大的差异。针对黄褐斑的处方护肤品，可以选择高品质的色素沉着精华液，非常值得入手。你可能还想用激光治疗血管破裂。正确的护肤和每月保养仍然非常重要，但再生疗法就没那么有效了——你的皮肤不会有同样的反应。不过，如果你年轻的时候就认真护肤，效果也会持续下来，你的付出终会有回报。

肉毒杆菌毒素和填充剂：如果你想一直选择这种治疗方式，还是会有不错的效果的。针对这个年龄，我倾向于使用较低剂量的肉毒杆菌毒素和较高剂量的填充剂。为了达到最佳效果，真的需要在整张脸上注射"混合剂"。请注意，这种做法的预算会更高，因为每年都要注射 8 次以上。这类客户通常会主动拒绝手术，因为她们不想做任何不可逆转的事情，或者是因为她们意识到了风险。

∫ 终极积极抗老金字塔团队！

如果你既有时间又有钱，并且想要一个真正多学科的方法来积极抗老，这就是你想要的团队。听起来可能很贵，但现在有很多团队可供选择。加入其中是激励自己并持续改变行为的好办法。你也可以在线咨询，或者找一个治疗方法深得你心的专家，并在网上关注他。（一定要审查专家资质。如果你有任何健康问题，请咨询你的全科医生。）

- 功能医学医生——医生、营养治疗师或健康教练；
- 美容师（护肤、面部保养）；
- 美容医生（再生及矫正治疗）；
- 皮肤科医生（皮肤检查或皮肤病）；
- 妇科医生或全科医生（激素替代治疗、涂片、乳房 X 光检查）；
- 由物理理疗师、理发师、牙科保健师、化妆师组成的支持团队——灯光，摄像机，开拍！

∫ 你每天的首要任务是什么?

就是这个,这就是魔法所在。因为你每天做什么,你就会成为什么。现在你已经知道如何遵照积极抗老金字塔制订你的年度计划了,那就从明天开始,重新规划你每天要优先处理的事。

下面是我自己的一个例子。我的年度计划是针对我个人制订的。我有 3 个正在上学的孩子,我必须优先考虑的是睡眠,否则我既无法完成工作,也无法照顾家庭。我每周都会查看我的优先事项清单,然后思考每天如何以及何时去做这些事(有时是想想自己有没有可能做这些事!)。有些事几乎不花时间,所以是不容商榷的,比如吃美容补充剂和涂抹护肤品这两件事。它们是我的优先事项,而不是待办事项,因为虽然我的目标是把它们全部做完,但即使我没有把它们从待办清单上画掉,我也不会自责。

享受积极抗老每个阶段的第一步,那就是听从你的身体和皮肤,充分利用你所学到的一切知识。继续查看你的清单并不断地更新——有些事不会永远是你的优先事项。我差不多每隔几周就会重新考虑我的优先事项。你要相信,你所做的一切对你的皮肤和健康都是最好的。

- 早上做 20 分钟的瑜伽。
- 我和杰夫一共养育了 3 个儿子,分别叫马克西、莱桑德和西奥。我会制造和他们单独相处的机会。
- 保证(至少)7 个小时的睡眠时间。晚上 10 点上床睡觉。
- 植物性饮食,品种多样化,亲力亲为烹制每一道菜。
- 每周锻炼 5 天(我会尽力而为!),可以是拳击、举重、普拉提或力量瑜伽,也可以是戴着耳机在公园里跑或走 5 千米。
- 每日服用补充剂。

- 我的早晚护肤流程。

- 独处时间。看看书，听听歌，就这样。

- 沟通或聚会的时刻。和姐妹、兄弟、父母、朋友相聚。

- 把时间花在工作上——但不仅仅是工作，还有我的梦想！

∫ 现在，轮到你了……

以下是我给你的 7 条建议，在踏上积极抗老的旅途时，请牢记于心。如果你不确定自己是否走对了路，或者是否忘记了出发前的目标，那就看看下面这 7 条建议。你会醍醐灌顶的！

1. 要知道，改变生活方式是需要努力的。伦敦大学学院的研究表明，一种新的行为自动发生平均需要 66 天，每个人需要的时间从 18 天到 254 天不等。改变生活方式需要你投入更多的毅力，需要你坚持不懈地行动，而不是把自己托付给诊所的医生。你自己的努力无须花钱，而且往往能发挥最大的作用。

2. 从金字塔的底层着手，收获丰硕的成果。正如我所说的，你可以直接跳到金字塔的顶端，但如果你关注心态和生活方式，你会得到更多的好处。如果你今天只能做一件事，那就做点能减轻压力的事吧。

3. 扩大眼界。考虑治疗方案时要将目光扩大至整张脸，留意你给别人留下的瞬间印象。尽量不要把注意力只放在你不喜欢的某个部位上，不要只盯着脸上的瑕疵。如果你问一个朋友——或者我——他可能会说，根本就没注意到你看到的瑕疵。

4. 即使你已经将自我护理设定为个性化的年度计划了，你也可以定期回顾。但要做到始终如一。记住，你要抛弃把时间和金钱花在许多考虑不周的速效对策上的习惯。美容治疗常常被视为一种权宜之计或欺骗行为，但我希望你已经认识到了，根本就不存在什么快速到位的治疗方案。

5. 你需要做的就是等待。效果可持续 5 天以上的真正的皮肤提升，无论是结构上的还是功能上的，都至少需要 12 周的时间才能显现出来并持续下去。等待是值得的。

6. 做你能做的。无论你做什么，都要为自己呵护自己而自豪。你不可能什么都做到！即使是我认识的那些工作在比较注重形象岗位上的客户，也必须根据时间和金钱来区分轻重缓急。

7. 保持积极乐观的心态。积极抗老就是要养成积极的习惯。过去，我们对变老这件事一直持"反对"的心态，不惜一切代价与之抗争。现在，让我们接纳变老，但要用我们自己的方式去接纳。我们可以借助科学的进步，确保我们在看到镜子里的自己时是快乐的，同时内心也知道，我们积极的生活方式对健康也有好处。

积极抗老的意义在于，不管别人怎么想，我们知道自己现在的状态是最美的。我们的皮肤正处于最佳的状态，气色宜人，我们对此非常满意。你选择如何向世界展示自己是你的事，我希望这本书能在你展示自己的时候为你提供准确的指导。

∫ 护肤计划

修复暗沉和缺水皮肤

周次	早上	晚上（第1天）	晚上（第2天）	晚上（第3天）
第一阶段：精减护肤品（第1—2周）				
第1—2周	洁面乳 保湿霜 防晒霜		洁面乳 保湿霜	
第二阶段：治疗（第3—12周）				
第3—5周	洁面乳 保湿霜 防晒霜		洁面乳 酸性去角质剂 保湿霜	
第6—8周	洁面乳 抗氧化修复精华液 保湿霜 防晒霜		洁面乳 酸性去角质剂 保湿霜	
第9—12周	洁面乳 抗氧化修复精华液 保湿霜 防晒霜	洁面乳 酸性去角质剂 保湿霜	洁面乳 维生素A 保湿霜	洁面乳 保湿霜
第三阶段：保养（第13周以后）				
第13周 以后	洁面乳 抗氧化修复精华液 护肤成分 保湿霜 防晒霜	洁面乳 酸性去角质剂 保湿霜	洁面乳 维生素A 保湿霜	洁面乳 护肤成分或 护肤油 保湿霜

●注意：

镇静、保护皮肤屏障。

无论晴天还是雨天，找到一款你愿意每天使用的防晒霜。

增加维生素 A、酸性去角质剂、抗坏血酸抗氧化剂，每次增加一种。

可用免洗去角质乳液或爽肤水。

加强环境（紫外线、污染）防护。

在皮肤耐受的情况下使用酸性去角质剂，否则 3 周内不用去角质剂，之后再重新使用。

添加有针对性的成分，每次添加一种，随时关注皮肤状态。

要在皮肤耐受的情况下添加。烟酰胺或透明质酸有补水作用，也可以一周换两次去角质洁面乳。

修复熟龄肌肤

周次	早上	晚上（第1天）	晚上（第2天）	晚上（第3天）
第一阶段：精减护肤品（第 1—2 周）				
第 1—2 周	洁面乳 保湿霜 防晒霜		洁面乳 保湿霜	
第二阶段：治疗（第 3—12 周）				
第 3—5 周	洁面乳 保湿霜 防晒霜	洁面乳 酸性去角质剂 * 保湿霜	洁面乳 酸性去角质剂 保湿霜	洁面乳 保湿霜
第 6—8 周	洁面乳 抗氧化修复精华液 保湿霜 防晒霜		洁面乳 酸性去角质剂 保湿霜	
第 9—10 周	洁面乳 抗氧化修复精华液 保湿霜 防晒霜	洁面乳 酸性去角质剂 保湿霜	洁面乳 维生素 A 保湿霜	洁面乳 保湿霜
第 11—12 周	洁面乳 抗氧化修复精华液 保湿霜 防晒霜	洁面乳 维生素 A 保湿霜	洁面乳 酸性去角质剂 * 保湿霜	洁面乳 维生素 A 保湿霜

第三阶段: 补充护肤成分 (第 13 周以后)				
第 13 周 以后	洁面乳 抗氧化修复精华液 护肤成分 保湿霜 防晒霜	洁面乳 维生素 A 保湿霜	洁面乳 维生素 A 或 酸性去角质剂 * 保湿霜	洁面乳 护肤成分或 护肤油 保湿霜
第 13 周以后 加强版—— 使用维 A 酸	洁面乳 抗氧化修复精华液 保湿霜 防晒霜	洁面乳 维生素 A 保湿霜	洁面乳 维生素 A 保湿霜	洁面乳 维生素 A 保湿霜

●注意:

镇静、保护皮肤屏障。

也可以试试卸妆油或洁面油。

维生素 A 在护肤计划中扮演着重要的角色。一开始连续使用 2 天, 然后暂停 1 天, 逐渐变成每天晚上使用。

添加抗氧化剂。

采取 "3、2、1——开始" 的方法添加护肤成分。

每隔 1 天使用一次维生素 A, 持续 2 周 (2 周内不要连续使用 3 天)。

* 允许使用酸性去角质产品。如果刺激皮肤就不要用。

修复色素沉着

周次	早上	晚上（第1天）	晚上（第2天）	晚上（第3天）
第一阶段：精减护肤品（第1—2周）				
第1—2周	洁面乳 保湿霜 防晒霜		洁面乳 保湿霜	
第二阶段：治疗（第3—12周）				
第3—5周	洁面乳 酸性去角质剂 4% 对苯二酚 （处方药） 保湿霜 防晒霜		洁面乳 4% 对苯二酚（处方药） 保湿霜	

逐步加入维生素 A，最后变成每天使用。

所有 5 种补充护肤成分可能都很合适，但还是要坚持最简法则！

良好的护肤习惯结合定期保养（见第 6 章）或再生疗法（见第 7 章）。

●注意：

在准备过程中加强皮肤屏障。

神经酰胺有利于强化皮肤屏障。

三联疗法

将酸性去角质剂和对苯二酚这两种活性成分涂抹在脸上，一直到发际线的位置，眼睛处只抹到眼眶骨上，不要抹到脖子上。

周次	早上	晚上（第1天）	晚上（第2天）	晚上（第3天）
第6—12周	洁面乳 抗氧化修复精华液 4% 对苯二酚 （处方药） 保湿霜 防晒霜		洁面乳 4% 对苯二酚（处方药） 维生素 A（维 A 酸 *，处方药） 保湿霜	

第三阶段: 保养(4 个月以后)				
4—8 个月 (含第 4 个月 和第 8 个月)	洁面乳 抗氧化修复精华液 或补充剂(酸性去角 质剂, 一周 2—3 次) 保湿霜 防晒霜	洁面乳 维生素 A 保湿霜		
8 个月以后	洁面乳 抗氧化修复精华液 护肤成分 保湿霜 防晒霜	洁面乳 酸性去角质剂 保湿霜	洁面乳 维生素 A 保湿霜	洁面乳 护肤成分 或护肤油 保湿霜

* 从豌豆大的量开始, 逐渐增加。

●注意:

继续使用维生素 A。

不要突然停用 4% 对苯二酚(一个月后停用, 以防止复发性色素沉着)。

恢复每 3 个晚上使用一次维生素 A。

所有敏感肌肤的介入治疗

痤疮和玫瑰痤疮确实需要在诊所治疗, 通常会结合处方类皮肤护理疗程(如去角质和激光)。以下计划或许可以应对不太严重的突发问题。

在这段时间内, 可以加入壬二酸和烟酰胺等附加护肤成分, 帮助舒缓皮肤。

周次	早上	晚上（第1天）	晚上（第2天）	晚上（第3天）
第一阶段：精减护肤品（第1—6周）				
第1—6周	洁面乳 保湿霜 防晒霜		洁面乳 保湿霜	
第二阶段：治疗（第7—12周）				
第7—9周	洁面乳 保湿霜 防晒霜		洁面乳 酸性去角质剂 保湿霜	
第10—12周	洁面乳 抗氧化修复精华液 保湿霜 防晒霜		洁面乳 酸性去角质剂 保湿霜	
第三阶段：补充护肤成分（第13周以后）				
第13周 以后	洁面乳 抗氧化修复精华液 或护肤成分 保湿霜 防晒霜	洁面乳 酸性去角质剂 保湿霜	洁面乳 护肤成分 保湿霜	洁面乳 护肤成分 保湿霜

●注意：

镇静、保护皮肤屏障。

不要用香水、磨砂膏，不要用高温度的热水洗澡。

镇静、修复、增强皮肤屏障功能。

水杨酸（逐渐增加使用频率，直至每日使用）。

持续防护和修复。

谨慎添加护肤成分，每次只添加一种。

烟酰胺、壬二酸。

透明质酸。

术语表

酸性外膜： 皮肤表面的保护膜，由皮脂和汗液中的乳酸等组成。

晚期糖基化终末产物（AGEs）： 接触糖后发生改变或"糖基化"的蛋白质（如胶原蛋白）或脂质。

α－羟基酸（即果酸，简称 AHA），如乙醇酸、乳酸： 可去除表皮外层的化学物质，用于皮肤护理（洁面乳、爽肤水、纱布垫、乳液和面膜），浓度较高的果酸用于临床治疗（脱皮）。

抗氧化剂： 体内产生的保护分子，也存在于食物中，有助于保护细胞免受潜在有害自由基的损害。

虾青素： 一种功能强大的抗氧化剂（类胡萝卜素），最常见于虾、鲑鱼体内，使虾、鲑鱼的外貌呈粉红色。

壬二酸： 一种天然存在的酸，可以去角质，也具有抗炎、抗菌、抗粉刺和抗氧化的特性，是治疗痤疮和玫瑰痤疮的有效成分。

补骨脂酚： 一种源自植物的抗氧化剂，与维生素 A 有类似的功效，但没有刺激性或不稳定性。

β－羟基酸（BHA），又称水杨酸： 脂溶性，不像 α－羟基酸是水溶性的，因此更容易通过油脂溶解，更利于减轻油性暗疮皮肤充血的症状。此外还有抗炎的功效。

胶原蛋白： 一种使皮肤结构丰满的蛋白质。

药妆：市场营销人员用来将产品从"纯粹的化妆品"提升到更高层次的说法。这个说法并不规范，药效和承诺的好处都得不到保证。

冷冻疗法：用于治疗各种问题——最初用于治疗皮肤癌，现在用于不同强度的面部护理，也用于抽脂（如酷塑）。

刮脸：一种用去角质刀片去除脸部死皮细胞和汗毛的皮肤疗法。

真皮层：占皮肤90%的中间层。所有的胶原蛋白和弹性蛋白纤维以及血管都在真皮层。

弹性蛋白：赋予皮肤弹性和张力的蛋白质。

润肤剂：一种使皮肤变得光滑和柔软的保湿成分。

表皮层：皮肤的外层，包括角质层，即表皮的最外层。表皮层的健康状况决定了皮肤屏障的强度——这对镇静、光洁、水润的肌肤至关重要。

去角质（或称"表皮剥落"）：细胞更替的自然过程，角质层的死皮细胞被清除，露出下面更明亮、更新鲜的细胞。使用化学去角质剂（如乳酸）或物理去角质剂（磨砂膏）可以加速去角质的过程。

成纤维细胞：真皮层中生成胶原蛋白和弹性蛋白纤维的细胞。

自由基：高活性、不稳定的物质，可引起连锁反应，导致DNA、蛋白质和脂质的损伤。

激光创生：用于皮肤再生的一种非剥脱性点阵激光。即刻可见的疗效包括毛孔缩小、红血丝减少、皮肤更丰盈紧致。还有一些在皮肤再生方面更持久的好处，比如可以刺激新的胶原蛋白的生成。

甘油：一种天然保湿剂，由皮肤制成，也是许多保湿护肤品的重要保湿成分。

乙醇酸：一种在甘蔗提取物中发现的果酸，被许多人认为是最有效的果酸。它能补充水分，提高皮肤的光泽度和均匀度。

聚羟基脂肪酸酯：一种抗氧化剂，也是一种化学去角质剂，适用于敏感性皮肤。

糖胺聚糖（GAGs）：真皮层中支撑胶原蛋白和弹性蛋白的化学物质，可溶于水。透明质酸就是一种重要的糖胺聚糖。

保湿剂：一种吸收水分、减缓水分蒸发的保湿成分，在体内自然生成，也是一种护肤成分。

透明质酸（HA）：真皮层和表皮层中的一种常见保湿剂（促进皮肤水合作用的分子），对皮肤愈合和修复很重要。

对苯二酚：重量级的色斑克星。通常被认为是一种漂白成分，但实际上是一种酶阻滞剂——阻断细胞产生新的褐色素（黑色素）所需的酶。如有需要，可凭处方购买较高浓度的对苯二酚（在英国浓度为 4%）。

强脉冲光：一种通过激光器机头将高能光束射入面部以改善肤色的治疗方法。它能减少红色素和褐色素，使肤色更加均匀。

乔雅登（Juvederm）：透明质酸填充剂的领先品牌。

角质细胞：一种产生角质的表皮细胞，是搭建表皮的"砖块"。与头发和指甲中的蛋白质同样坚韧。

乳酸：温和的 α - 羟基酸——一种化学去角质剂。

朗格汉斯细胞：表皮的免疫细胞。

脂质：护肤品中的"油脂"，是不溶于水的物质（甘油三酯、脂肪酸、神经酰胺和胆固醇）。

基质金属蛋白酶：能分解皮肤中胶原蛋白等结构蛋白的酶。光老化皮肤中含有大量的基质金属蛋白酶。

黑色素：赋予皮肤、眼睛和毛发颜色的色素。它通过吸收 UVB 能量保护皮肤。

黑素细胞：生成黑色素的细胞。

美塑疗法："维生素面部疗法"，用微针将护肤成分（维生素、矿物质、抗氧化剂和透明质酸的混合物）直接注入真皮层，比局部注射位置更深。有紧致和提亮皮肤的功效。

微生物组：所有依附在人体表面和在体内生存的微生物，包括细菌、真菌和病毒。

微针：Dermaroller 是知名品牌。微针美容疗法是用多根微小的针（最长 3 毫米）在皮肤上戳出数千个微小的可控伤口，刺激皮肤产生新的胶原蛋白和弹性蛋白后，使活性成分有效、快速渗入皮肤，或深入皮肤层，触发"伤口愈合"反应。微针有助于治疗痤疮疤痕、妊娠纹和色素沉着，也是面部年轻化的绝佳疗法。

烟酰胺：维生素 B₃。可促进神经酰胺的产生，从而加固皮肤屏障。对治疗红血丝和爆痘（消炎）、色素沉着与皱纹也很有效。

封闭型面霜：给皮肤封一层膜以锁住水分。会加剧红血丝。

非处方药（OTC）：不需要处方的药。

肽：一种"细胞沟通"的成分，是皮肤的信使，可以在多个层面上帮助皮肤修复和再生。

色素沉着："色素沉着过度"的简称。皮肤颜色变深通常是由外部因素（如日晒、外伤、污染、斑疹）引发的。

炎症后色素沉着：通常是由皮肤损伤引起的，如脱皮或激光治疗。

Profhilo 逆时针：一种颇受欢迎的"皮肤活化剂"再生疗法。注射的透明质酸不是"填充剂"，它的作用是提升皮肤的水合作用和弹性，促进生成新的胶原蛋白。

PRP：又叫"吸血鬼美容"，一种治疗方法。从手臂上的静脉抽取少量血液，再分离出血液中富含血小板和生长因子的部分，然后将其注射进皮肤，促进皮肤修复，增强皮肤功能。

射频（RF）：再生紧肤疗法，利用射频的热刺激作用，促使新的胶原蛋白和弹性蛋白生成，从而提升皮肤紧致度。

类视黄醇：维生素 A 类所有化合物的总称，比如视黄醇、维 A 酸。

皮脂：皮肤的皮脂腺产生的天然保湿脂质，通过毛孔流到皮肤表面。

角质层：表皮最外层的部分，由死皮细胞组成。

致　谢

马克西、莱桑德和西奥，感谢你们非常细心地记录我的字数，每当我从电脑屏幕前抬起头来时，你们总是能立刻让我回到现实。和你们三个在一起，我感受到了太多的爱和满心的快乐。你们让我无比自豪。我没有一天不在感谢上苍让我的生命中有了你们的陪伴。

杰夫，谢谢你的耐心和鼓励。感谢你在我写不下去的时候做了那么多次周末午餐！我们说过，不平凡地生活，携手追逐我们的梦想。非常感谢你。

妈妈，感谢你坚定不移的支持、无条件的爱和始终如一的信任。你无私地给了我想要的一切。你教会了我要经常露面，你给了我勇气。你的善良和勇敢每天都激励着我。

爸爸，是你激励我做到最好，教我永远尊重努力、正直、希望和毅力。你永远在我的脑海里和心里，你的爱和教诲给了我巨大的信心和力量。我很自豪能做你的"小女孩"。

伊莉莎，你是每个女孩梦寐以求的那个最关心和最支持她的姐姐。谢谢你一直陪在我身边，给我一个充满欢笑和爱的安全地带。

感谢西蒙、凯蒂、苏西以及我所有漂亮的闺密和伙伴，是你们让我的生活变得无限美好。

　　维妮西亚，再次（第 100 次）感谢你对我的信任。拭目以待吧！布丽吉德，非常感谢你直言不讳地提出建议，感谢你在我快要失去动力时接手，让这本书顺利完成。艾米，你的耐心和指导对我帮助很大。安妮，你对细节的把控令人惊叹，谢谢你！感谢企鹅生活出版团队其他成员的支持，也感谢伊丽莎白促成此事。

　　最后，我要感谢 Medicetics 团队和所有优秀的客户，你们多年来一直信任我并接受我的指导。你们坐在椅子上的这些时间里，我学到了很多关于美容和其他方面的知识！让你们感受到美好是我的热情所在，这也给了我最大的回报。这本书正是为你们而写的。